W. Kobelt

Die Landdeckelschnecken

W. Kobelt

Die Landdeckelschnecken

ISBN/EAN: 9783743358584

Hergestellt in Europa, USA, Kanada, Australien, Japan

Cover: Foto ©berggeist007 / pixelio.de

Manufactured and distributed by brebook publishing software
(www.brebook.com)

W. Kobelt

Die Landdeckelschnecken

DIE

LANDDECKELSCHNECKEN.

VON

DR W. KOBELT.

MIT SIEBEN COLORIRTEN TAFELN ABBILDUNGEN

WIESBADEN.
C. W. KREIDEL'S VERLAG.
1886.

I. OPISOPHTHALMA.

Gattung Truncatella Risso.

Die strandliebende Gattung Truncatella ist, wie an allen tropischen Küsten, auch an den Philippinen reichlich vertreten, doch, wie es scheint, nicht in besonders grosser Formenmannigfaltigkeit, denn von den fünf Arten, welche PFEIFFER im letzten Supplement zu seiner Monographie der Pneumonopomen anführt, sind drei unsicher, und auch unter SEMPER's Ausbeute finde ich nur drei Formen. Es sind folgende:

1. Truncatella valida Pfeiffer.

Taf. 1 Fig. 10.

Testa rimata, subcylindrica, regulariter subattenuata, solida, costis elevatis, confertis, subrectis, obtusis, interstitia subaequantibus sculpta, albida, pallide lutea vel rubicunda. Anfractus superstites 5 modice convexi, leniter crescentes, ultimus circa rimam umbilicalem angustissimam arcuatim compresso-carinatus. Apertura verticalis, subobliqua ovalis, superne angulata; peristoma duplicatum, crassiusculum, superne subauriculatum, margine columellari levissime arcuato. — Operculum subimmersum, cereum.

Long. 9. diam. 3,3. alt. apert. 3 mm.

Truncatella valida PFEIFFER. Zeitschr. f. Malakozool. 1846 pag. 182. Monogr. Auriculaceor. I. pag. 184. — KÜSTER, in: Mart. Chemn. ed. II. pag. 11. tab. 2. Fig. 7, 8, 19—21, 23. — MARTENS, Ostasiat. Zoolog. II. pag. 162. — PEASE. in: Proc. zool. Soc. 1871. pag. 477. — TAPPARONE CANEFRI, Nuova Guinea, pag. 280.

Var. major (Fig. 10)
    Long. 12 mm.
Var. minor (Fig. 10b).
    Anfractus 4, long. 8 mm.

Gehäuse fein geritzt, fast cylindrisch, nach oben regelmässig und langsam etwas verschmälert, festschalig, dicht mit erhabenen Rippen, die fast gerade verlaufen, skulptirt: dieselben sind nur wenig schmäler als die Zwischenräume und auf dem Rücken abgestumpft. Die Färbung ist einfarbig blassgelb oder röthlich. Es sind gewöhnlich noch fünf Umgänge vorhanden: dieselben sind mässig gewölbt und nehmen langsam zu; der letzte ist unten um die Ritze herum zu einem gebogenen Kamm zusammengedrückt. Die Mündung ist fast senkrecht, etwas schräg eiförmig, oben eckig; der Mundrand ist deutlich doppelt, ziemlich dick, oben mit einem kleinen Oehrchen, zusammenhängend, der Spindelrand leicht gebogen und nach aussen gewendet. Der Deckel liegt ziemlich eingesenkt und ist wachsfarben.

Die typische Form liegt in grosser Anzahl vor von Tamutug und Pangongon auf Tubigan, von Ubey auf Bohol, von S. Juan de Bislig auf Mindanao und von Sampinigau: eine grössere Form von Pangongon und Limansaua, eine kleine verkümmerte Form mit nur vier Umgängen trägt keinen genaueren Fundort.

Tr. valida ist, wie ihre Gattungsgenossen, weit verbreitet und wird von Cuming genannt von Baclayon und Capul, ausserdem auch von Malacca und Neu-Caledonien, und durch Pease von Samoa. Auch von Neu-Guinea nennt sie Tapparone Canefri. — Dagegen scheint sie im eigentlichen indischen Archipel nicht mehr vorzukommen. Martens nennt sie von Kupang auf Timor, von der Insel Tawalli (Molukken) und von Singapore, sowie von Neucaledonien, nicht aber von den Sundainseln.

2. Truncatella Semperi n.

Taf. 1 Fig. 11.

Testa vix rimata, subcylindrica, regulariter subattenuata, solida, costis validis lamellosis elevatis circa 12 in anfractu penultimo, quam interstitia multo angustioribus, in anfractibus spirae subrectis, subcontinuis, in ultimo obliquis, distantioribus, cum superis irregulariter alternantibus, pone aperturam evanescentibus armata, luteo-albida. Anfractus superst. 4½ convexiusculi, leniter accrescentes, ultimus crista distincta compressa elevata ad basin cinctus. Apertura subverticalis, suboblique ovalis, supra acuminata: peristoma incrassatum, duplex: internum continuum, recte porrectum, externum crassum, reflexum, in cristam basalem abiens.

Long. 9, diam. 3 mm.

Truncatella Semperi, Kobelt, in: Nachrichtsblatt der Deutschen Malacozoologischen Gesellschaft, 1884. pag. 52.

Gehäuse kaum geritzt, fast cylindrisch, nach oben etwas regelmässig verschmälert, festschalig, mit starken, lamellösen, hohen Rippen skulptirt, wie eine Scalarie. Die Rippen, von denen ich auf dem vorletzten Umgang zwölf zähle, sind erheblich schmäler als ihre Zwischenräume, auf den oberen Umgängen fast gerade und an der Naht aneinander-treffend, auf dem letzten schräg, weitläufiger, und mit den oberen unregelmässig abwech-selnd; hinter der Mündung brechen sie plötzlich ab und bei sämmtlichen mir vorliegen-den Exemplaren ist hier ein Raum von circa 2 mm Breite glatt, nur oben grob gestreift. Es sind 4—5 Umgänge übrig; dieselben sind leicht gewölbt, erscheinen aber durch die Rippen geschultert; sie nehmen langsam zu und der letzte hat um den Nabelritz einen scharfen, zusammengedrückten Kamm. Die Mündung ist ziemlich senkrecht, schräg ei-förmig; oben spitz, der Mundsaum verdickt und sehr deutlich doppelt; der innere ist zusammenhängend und gerade vorgezogen, der äussere umgeschlagen, dick, und geht an der Spindelseite direkt in den Nackenkamm über.

Eine höchst eigenthümliche Form, neben der vorigen die grösste der Gattung; durch die starken, an die Skulptur der Scalarien erinnernden, entfernt stehenden Rippen und den Nackenkiel genügend ausgezeichnet. SEMPER sammelte sie auf der Insel Pan-gongon vor Tubigan.

3. Truncatella Vitiana Gould.

Taf. 1 Fig. 12.

Testa subrimata, cylindraceo-attenuata, solida, costis obtusis, subrectis, interstitia aequantibus sculpta, vix nitidula, rubello-lutescens; sutura marginata, crenulata; anfractus superstites 4½ vix convexi, ultimus basi crista compressa cinctus, brevissime deflexus; apertura verticalis, angulato-ovalis; peristoma continuum, expansiusculum, latere columel-lari subappressum. — L. Pfr.

Long. 7.5, diam. 2.5, long. apert. 2⅓ mm.

Truncatella Vitiana GOULD, Expedition Shells, pag. 10, tab. 8. Fig. 126. — PFEIFFER. Monogr. Pneumonopom. II. pag. 6. — MOUSSON. Journ. Conchyl. XIII. pag. 185. — XVII. pag. 356. — XXI. pag. 109.
Truncatella conspicua BRONN in sched. – PFEIFFER. Monogr. Auriculaceorum I. pag. 184.
Tahitia vitiana PEASE, Proc. zool. Soc. 1871. pag. 477.

Gehäuse kaum geritzt, cylindrisch, nach oben verschmälert, festschalig, mit bis zu dreissig stumpfen, ziemlich geraden Rippen, welche den Zwischenräumen an Breite gleich-kommen, kaum glänzend, rothgelb mit bezeichneter, gezähnelter Naht. Es sind noch 4½ Umgänge vorhanden. Dieselben sind etwas gewölbt, der letzte hat um die Nabel-ritze einen zusammengedrückten Kamm und ist vorn ganz leicht herabgebogen. Die Mündung ist ziemlich senkrecht, schief eiförmig, oben spitz; der Mundsaum zusammen-hängend, etwas ausgebreitet, an der Spindelseite angedrückt.

Exemplare von Calape und von Tumentug auf Tabigao stimmen befriedigend mit der oben abgedruckten Diagnose dieser weitverbreiteten Art, welche schon CUMING von Baclayon anführt. — Sie geht bis nach Samoa, den Viti- und Ellice-Inseln.

1. Truncatella aurantia Gould.

Testa parva, decollata, conico-cylindracea, aurantia, subperforata, longitudinaliter confertim clathrata, clathris elevatis, rectis, numero ad 40 in singulis anfractibus: spira aufr. 5, convexis: apertura obliqua, ovata: peristomate albo, continuo, reflexo. Long. ³/₁₀, lat. ¹/₁₀″. GOULD.

Truncatella aurantia GOULD, Otia, pag. 39. Expedition Shells tab. 8. Fig. 125. — PFEIFFER, Monogr. Pneumonopom. II. pag. 6. Nr. 4. — MARTENS, Ostasiat. Zool. II. pag. 163. — ISSEL, Borneo, pag. 89.

Unter den SEMPER'schen Truncatellen finden sich keine Exemplare, welche sich mit dieser durch Gitterskulptur und lebhaft orangefarbenes Kolorit ausgezeichneten Art vereinigen liessen.

II. ECTOPHTHALMA.

CYCLOSTOMEA.

A. Cyclotea.

Gattung Cyclotus Guilding.

1. Cyclotus variegatus Swainson.

Taf. 1 Fig. 5.

Testa latissime umbilicata, discoidea, subtiliter striatula, pallide fulvescens, unicolor vel castaneo eleganter et undatim strigata vel tessellata et infra peripheriam castaneo unifasciata; spira plana, vertice haud prominulo, saepe nigricante. Anfractus 1½ convexiusculi, ultimus teres. Apertura obliqua, circularis; peristoma duplex: internum breve, continuum, externum subexpansum, extus et supra dilatatum, ad anfractum penultimum concave auriculatum. — Operculum subimmersum, testaceum, crassum, extus arctispirum, centro concavum, intus concavum, margine fusco-limbato, extus profunde canaliculato.

Diam. maj. 27, min. 21,5, alt. 10,5 mm.
— 20,5, — 17, — 6,5 mm.

Cyclotus variegatus SWAINSON, Malacolog. pag. 336.
Cyclostoma planorbulum SOWERBY, Genera, Cyclostoma Fig. 1 (nec LAM.). — Thesaurus Conchyl. pag. 110, tab. 25, Fig. 85. — MARTINI-CHEMNITZ, ed. II. pag. 101. tab. 22. Fig. 6—16.
Cyclostoma cornu venatorium, PETIT, Journal de Conchyliologie, I. pag. 43.
Aperostoma planorbulum PFEIFFER, Zeitschr. für Malakozool. 1847, pag. 336.
Cyclotus variegatus PFEIFFER, Monogr. Pneumonopom. I. pag. 39. — REEVE, Conch. icon. sp. 29.

Gehäuse sehr weit und offen genabelt, scheibenförmig niedergedrückt, einfarbig hellbraun oder auf hellbraunem Grunde sehr schön mit kastanienfarbenen Zickzackstriemen gezeichnet, der letzte Umgang häufig unten mit einer kastanienbraunen Binde. Gewinde flach mit tief eingedrückter Naht, der Wirbel fein, schwärzlich, kaum vorspringend. Die

4½ Umgänge sind gut gewölbt, der letzte ziemlich stielrund, vorn leicht herabgebogen. Die Mündung ist schräg, kreisrund, mit doppeltem Mundsaum: der innere ist zusammenhängend, kurz, oben etwas ausgeschnitten, der äussere leicht ausgebreitet, ausser am Spindelrand verbreitert, die Verbreiterung oben vorgezogen und an der Insertion ein grosses stärkeres Ohr bildend. — Der Deckel ist etwas eingesenkt, schalig, dick, aussen enggewunden mit eingesenktem Centrum, innen glatt, am Rande mit einer tiefen Rinne.

Es liegen mir zwei nur durch die Grösse verschiedene Formen vor, die grosse von Maligi, die kleinere von Malamiani.

2. Cyclotus auriculatus n.

Taf. 1 Fig. 6.

Testa latissime umbilicata, orbicularis, fere discoidea, subtiliter striatula, castanea, strigis fulguratis pallidis superne pulcherrime ornata, infra peripheriam fere unicolor castanea; spira plana, vertice subtili, nigricante. Anfractus 4½ convexi, sutura profunda discreti, ultimus subcompressus, antice leviter dilatatus, parum descendens, subteres. Apertura obliqua, subcircularis: peristoma duplex: internum rectum, breve, continuum, ad angulum superiorem subexcisum, externum subexpansum, extus et supra dilatatum, ad columellam angustissimum, ad anfractum penultimum subtubulose auriculatum; margo superior valde arcuatim productus, ad insertionem excisus. — Operculum subimmersum, extus profunde concavum, testaceum, arctispirum, anfractibus rude oblique striatis, margine canaliculatum, intus laeve.

Diam. maj. 19, min. 15, alt. 7, diam. apert. int. 6,5 mm.

Cyclotus auriculatus KOBELT, Nachrichtsblatt der deutschen malaco-zoologischen Gesellschaft. 1884, pag. 49.

Gehäuse ganz weit und offen genabelt, niedergedrückt scheibenförmig, dünnschalig, doch fest, kastanienbraun, auf der Oberseite mit hell gelbbraunen Flammenzeichnungen, unterseits mehr einfarbig: Gewinde flach mit tief eingedrückter Naht und feinem schwärzlichem Wirbel. Die 4½ Umgänge sind gut gewölbt; der letzte ist obenher etwas zusammengedrückt, unten stärker gerundet, vorn verbreitert und steigt an der Mündung ganz wenig herab. Die Mündung ist schräg, kreisrund, aber in der Profilansicht gedrückt erscheinend: der Mundsaum ist deutlich doppelt, der innere kurz, gerade, zusammenhängend, doch an der oberen Ecke deutlich ausgeschnitten, der äussere leicht ausgebreitet, oben und aussen verbreitert, an der Insertion ausgeschnitten und dann ein fast zu einer Röhre zusammengebogenes Oehrchen bildend, dann stark bogig vorgezogen, der Spindelrand auffallend schmal.

Der Deckel ist erheblich mehr concav wie bei variegatus, und rauh gestreift. Die meisten Exemplare haben eine Art callöser Wucherung auf der Aussenseite, welche die beiden äusseren Umgänge verdeckt und ganz zerfressen aussieht, besonders ausgeprägt die Exemplare von Pintajan.

Nicht ohne Bedenken trenne ich diese Form von dem nah verwandten C. variegatus, dessen kleinerer Form sie sehr nahe kommt, doch ist das Oehrchen ganz anders gebildet und der Oberrand in der Mitte viel stärker vorgezogen, so dass hinter ihm ein förmlicher Ausschnitt entsteht; bei einem meiner Exemplare bildet das Oehrchen eine förmliche Röhre.

Die Art wurde gesammelt zwischen Lianga und Hinatuan, bei Panayu auf Pintajan und bei Si Argar.

3. Cyclotus mucronatus Sowerby.

Taf. 1 Fig. 7.

Testa late et perspectiviter umbilicata, orbiculata, depressa, tenuiuscula sed solida, scabriuscula, striata, pallide fulvescens; spira brevissima, mucronata. Anfractus 4½ convexi, sutura impressa discreti, celeriter crescentes, ultimus teres, antice subdeflexus, subsolutus. Apertura obliqua, circularis, intus fulvescenti-albida; peristoma continuum, duplicatum; internum breve, rectum, externum subexpansum, superne sinuosum, intus concentrice striatum. — Operculum haud immersum, crassum, testaceum, extus concavum, arctispirum, intus laeve, callosum, centro subpapillatum, margine profunde canaliculatum.

Diam. maj. 15, min. 12, alt. 9,5 mm.

Cyclostoma mucronatum Sowerby, Proc. zool. Soc. 1843, pag. 63. — Thesaurus Conchyl. pag. 113, tab. 25, Fig. 91. — Pfeiffer, in: Martini-Chemnitz. ed. II, pag. 58, tab. 7, Fig. 11–13.

Aperostoma mucronatum Pfeiffer, Zeitschr. für Malakozool. 1847. pag. 104.

Cyclotus mucronatus Pfeiffer, Monogr. Pneumonop. I, pag. 37. — Reeve, Conch. Icon. sp. 27.

Gehäuse weit und perspektivisch genabelt, scheibenförmig niedergedrückt, ziemlich dünnschalig, doch fest, rauh aber fein gestreift, glanzlos, bräunlichgelb, bei verwitterten Exemplaren mit weisslicher Nahtbinde. Gewinde flach, aber die obersten Umgänge spitz erhoben. Die 4½ Umgänge sind gewölbt und nehmen rasch zu, sie werden durch eine tiefe eingedrückte Naht geschieden; der letzte ist stielrund, vorn herabgebogen, fast abgelöst. Die Mündung ist ziemlich schief, kreisrund, innen bläulichweiss, glänzend. Der Mundsaum ist zusammenhängend und doppelt, der innere kurz, gerade, scharf, der äussere etwas ausgebreitet, konzentrisch gestreift, nach oben und rechts breiter und mit dem Saume einwärts neigend. — Der Deckel ist endständig, dick, aus Schalensubstanz bestehend, aussen enggewunden und concav, innen glänzend, schwielig, mit einem leichten Vorsprung im Centrum, am Rand eine tiefe Rinne.

Cuming entdeckte diese Art bei Calanang auf Luzon. Mit PFEIFFER's Diagnose und CUMING'schen Exemplaren ganz übereinstimmend sammelte sie SEMPER in der Cordillere von Ambabuk und bei Digallorin.

4. Cyclotus Caroli n.

Taf. 1 Fig. 8.

Testa late et perspectiviter umbilicata, orbicularis, depressa, subtilissime striatula, lutescens, supra castaneo fulguratim strigata, ad peripheriam indistincte zonata; spira planiuscula, vertice parum prominulo, castaneo, subtili. Anfractus 5 convexiusculi, sutura profunda discreti, ultimus teres, subdilatatus, antice leniter descendens. Apertura fere verticalis, subcircularis; peristoma continuum, duplex: internum breviter porrectum, externum vix expansiusculum, ad anfractum penultimum vix auriculatum. — Operculum normale.

Diam. maj. 18, min. 14, alt. 9, diam. apert. cum perist. 7 mm.

Cyclotus Caroli KOBELT, Nachr.-Bl. 1884, pag. 50.

Gehäuse weit und perspektivisch genabelt, kreisrund im Umriss, niedergedrückt, feingestreift, gelblich, auf der Oberseite mit kastanienbraunen Zickzackstriemen, welche auf der Peripherie des letzten Umganges mehr oder minder deutlich zu einer Binde zusammenfliessen. Das Gewinde ist fast ganz flach mit nur wenig erhobenem, feinem, braun gefärbtem Wirbel. Die fünf Umgänge sind gut gewölbt und durch eine tiefe Naht geschieden; der letzte ist stielrund, leicht verbreitert, vorne etwas herabsteigend und an der Mündung leicht trichterförmig erweitert. Die Mündung selbst ist fast senkrecht und ziemlich kreisrund, der Mundsaum ist zusammenhängend, doppelt: der innere ganz kurz vorgezogen, der äussere nur wenig ausgebreitet und auch an seinem Ansatz kaum ohrförmig vorgezogen.

Diese Form unterscheidet sich durch die geringe Entwicklung des äusseren Mundrandes erheblich von allen anderen gestriemten Cycloten der Philippinen. Der Deckel ist völlig typisch.

5. Cyclophorus latecostatus n.

Taf. 1 Fig. 9.

Testa aperte umbilicata, irregulariter depresse trochiformis, solidula, lineis spiralibus impressis striisque incrementi scabra et striis majoribus distantibus subregulariter dispositis sculpta, griseo-albida; spira breviter conoidea, submucronata. Anfractus 4½ convexi, sutura profunda discreti, ultimus teres, antice valde deflexus, demum solutus. Apertura parum obliqua, circularis; peristoma continuum, simplex, vix incrassatum. — Operculum normale, arctispirum, terminale.

9

Diam. maj. 14, min. 12, alt. 11, diam. apert. vix 6 mm.

Cyclophorus latecostatus KOBELT, Nachr.-Bl. 1884, pag. 50.

Gehäuse weit und offen genabelt, unregelmässig gedrückt kreiselförmig, ziemlich festschalig, einfarbig grauweiss mit hellerer Nahtbinde, kaum glänzend, unter der Loupe durch eingedrückte Spirallinien und die Anwachsstreifen gegittert erscheinend, ausserdem mit stärkeren, entfernter stehenden und ziemlich regelmässig angeordneten rippenartigen Streifen skulptirt. Das Gewinde ist kurz kegelförmig, der feine Apex springt etwas griffelförmig vor. Es sind nur 4½ Umgänge vorhanden; dieselben sind gut gewölbt und werden durch eine tiefe Naht geschieden; der letzte ist völlig stielrund, nicht auffallend verbreitert, vorn stark herabgebogen und am Ende völlig gelöst; eine Erweiterung ist an der Mündung nicht erkennbar. Die Mündung ist nicht sehr schräg, fast rein kreisrund, der Mundsaum zusammenhängend, einfach, nur wenig verdickt. Der Deckel ist normal, enggewunden, völlig endständig.

Diese Art ist durch ihre eigenthümliche Skulptur, von welcher der Name entnommen ist, und durch die Loslösung des letzten Umganges, welche bei allen Exemplaren gleichmässig ausgeprägt ist, genügend von allen mir bekannten Arten der Gattung Cyclotus verschieden.

SEMPER sammelte diese Art in ziemlicher Anzahl auf Zamboanga.

6. Cyclotus pusillus Sowerby.

Taf. 2 Fig. 16, 17.

Testa late et perspectiviter umbilicata, suborbicularis, mucronulata, tenuis, striatula, sublaevigata, diaphana, unicolor pallide viridula; spira brevis, medio elata, mucronata. Anfractus 4½ convexi, celeriter crescentes, sutura profunde impressa discreti, ultimus teres, antice deflexus, fere solutus, basi distinctius striatus. Apertura obliqua circularis, intus nitida, alba; peristoma continuum, simplex, rectum, haud incrassatum, vix expansiusculum, ad anfractum penultimum vix adnatum, margine dextro antrorsum arcuato. — Operculum terminale, testaceum, utrinque concavum, extus arctispirum, margine caniculatum.

Diam. maj. 9, min. 8, alt. 6 mm.

Cyclostoma pusillum SOWERBY, Proc. Zool. Soc. 1843, pag. 59. — Thesaurus Conch. pag. 94, Tab. 23, Fig. 5. — PFEIFFER, in: MARTINI-CHEMNITZ, ed. II, pag. 59, Tab. 7, Fig. 16—17.
Cyclotus pusillus PFEIFFER, Monogr. Pneumonopom. I, pag. 54. — MARTENS, Ostasiat. Exped. Zool. II, pag. 93.

Gehäuse weit und perspektivisch genabelt, fast scheibenförmig, dünnschalig, sehr fein gestreift, namentlich oberseits fast glatt, durchscheinend, etwas glänzend, einfarbig

Semper, Philipp. III, IV 2, (Heft II. Landdeckelschnecken.) 2

blassgrünlich. Das Gewinde ist flach, nur in der Mitte zu einem spitzen Kegel erhoben. Die 4½ Umgänge sind gut gewölbt und nehmen schnell zu; sie werden durch eine tiefe, leicht gekerbte Naht geschieden; der letzte ist stielrund, unten schärfer gestreift, vorn herabgebogen, fast gelöst. Die Mündung ist schief zur Axe, kreisrund, innen glänzend weiss; der Mundrand ist zusammenhängend, nicht verdickt, gerade, scharf; er berührt den vorletzten Umgang nur an einem Punkt und ist unter dieser Stelle leicht ausgeschnitten; der obere Rand ist bogig vorgezogen.

Der Deckel ist normal, endständig, aus Schalensubstanz bestehend, aussen concav und eingewunden, innen auch concav, am Rande mit einer tiefen Rinne.

CUMING fand diese kleine Art auf Luzon und Negros. — In SEMPER's Ausbeute liegt sie vor von Cagayan in Nord-Luzon und von Mariguit. — JAGOR sammelte sie nach MARTENS l. c. auf dem Berge Mazarago in der Provinz Albay auf Luzon.

7. Cyclotus scalaris Pfeiffer.

Testa quoad genus anguste, sed pervie umbilicata, conoidea, solidula, oblique striatula, nitidula, corneo-lutea: spira elata, scalaris, apice acuta; sutura profunda; anfr. 4½ perconvexi, ultimus teres, antice subsolutus; apertura obliqua, circularis, intus margaritacea: peristoma simplex, continuum, undique vix expansiusculum. L. PFR.

Diam. maj. 9, min. 7, alt. 6,5 mm.

Cyclostoma scalare PFEIFFER, Proc. Zool. Soc. 1851, pag. 251. — MARTINI-CHEMNITZ, ed. II, pag. 320, Tab. 41, Fig. 58, 39. — Monographia Pneumonopomorum, I, pag. 35.

Von CUMING ohne nähere Fundortsangabe von den Philippinen mitgebracht, unter SEMPER's Ausbeute nicht vertreten.

8. Cyclotus plebejus Sowerby.

Testa umbilicata, depresso-globosa, tenuiuscula, striata, violaceo-fusca: spira breviter turbinata, acutiuscula; anfractus 4 convexi, rapide accrescentes, ultimus subinflatus, ad suturam et prope aperturam albicans: umbilicus angustus, pervius. Apertura obliqua, circularis, intus castanea; peristoma continuum, acutum, ad anfractum penultimum sub-angulato-duplicatum. — Operculum multispirale, extus albicans, macula centrali depressa, margine canaliculatum, intus nitidum. L. PFR.

Diam. maj. 12, min. 10½, alt. 8,5 mm. — Apert. 6½ mm diam.

Cyclostoma plebejum SOWERBY, Proc. Zool. Soc. 1843, pag. 60. — Thesaurus Conchyl. pag. 91, Tab. 24, Fig. 40. — PFEIFFER, in: MARTINI-CHEMNITZ, ed. II, pag. 56, Tab. 7, Fig. 14, 15.
Aperostoma plebejum PFEIFFER, Zeitschr. für Malacozool. 1847, pag. 104.

Cyclotus plebejus GRAY. Catal. Cycloph. pag. 7. — PFEIFFER, Monogr. Pneumonopom. I, pag. 39. — REEVE, Conch. icon, sp. 55,

Von CUMING in der Provinz Laguna auf Luzon gesammelt, fehlt unter SEMPER's Ausbeute.

Gattung Alycaeus Gray.

Diese Gattung ist bis jetzt auf den Philippinen nur durch eine einzige Art vertreten, nämlich

Alycaeus Caroli Semper.

Taf. 1 Fig. 15,

Testa sublate umbilicata, subconoideo-depressa, confertissime costulata et striis distantioribus spiralibus sculpta, albida; spira parum elevata, vertice papillatim prominente. Anfractus 4 convexi, ultimus depresse rotundatus, e strictura levi ab apertura remota tubulum suturalem mediocrem retromittens, antice inflatus, deflexus. Apertura diagonalis, circularis; peristoma subaequaliter expansum, ad anfractum contiguum angustatum. (O. SEMPER).

Diam. maj. 1½, min. 1, alt. 2 mm.

Alycaeus Caroli SEMPER. Journal de Conchyliologie, X, 1862, pag. 118. — PFEIFFER, Monograph. Pneumonopom. III, pag. 19. No. 18. — Novitates Conchol, Vol. IV, pag. 18, Tab. 112, Fig. 24—27.

Gehäuse ziemlich weit genabelt, niedergedrückt kegelförmig, mit sehr dicht stehenden Rippen und etwas entfernter stehenden Spiralreifen skulptirt, grauweiss; das Gewinde nur wenig erhoben mit zitzenförmig vorspringendem Apex. Die vier Umgänge sind gut gewölbt, der letzte ist etwas niedergedrückt und hat ziemlich entfernt von der Mündung eine schwache Einschnürung, aus welcher ein mittellanges Nahtröhrchen nach hinten läuft; vorn ist er aufgeblasen und herabgebogen. Die Mündung ist diagonal und ziemlich kreisrund, der Mundrand ziemlich gleichmässig ausgebreitet und nur da, wo er sich an den vorletzten Umgang anlegt, schmäler.

Aufenthalt bei Digallorin in Nord-Luzon.

B. Diplommatinea.

Gattung Arinia H. et A. Adams.

Die Diplommatinaceen, welche in Vorderindien und dann wieder auf den Palaos und den polynesischen Inseln eine so bedeutende Rolle spielen, werden auf den Philip-

2*

pinen auffallender Weise nur durch zwei kleine Formen repräsentirt, für welche die Gebrüder Adams eine eigene Abtheilung Arinia errichtet haben. Beide zeichnen sich aus durch pupa-artige Gestalt mit flachem Wirbel, wenig zahlreiche aufgetriebene Umgänge, welche glatt oder nur schwach skulptirt sind, und von denen der vorletzte grösser ist, als der letzte, und durch ziemlich senkrechte, fast kreisrunde Mündung mit beinahe zusammenhängendem Mundsaum. Der Deckel ist hornig mit engen, etwas lamellös vortretenden Windungen. In der Semper'schen Ausbeute sind beide Arten vertreten.

1. Arinia minor Sowerby sp.

Taf. 1 Fig. 13.

Testa subimperforata, ovato-oblonga, tenuissima, laevigata, nitida, lutescenti-hyalina; spira ovata apice obtuso; anfractus 5 turgidi, sutura profunda discreti, superi dense costulati, penultimus latissimus, ultimus angustior. Apertura verticalis, subcircularis; peristoma album, breviter expansum, marginibus fere contiguis, columellari medio angulatim dilatato. Long. 4. lat. anfr. penult. 3 mm.

Cyclostoma minus Sowerby, Proceed. Zoolog. Society, 1843, pag. 65. — Thesaurus Conch. pag. 153, Tab. 30, Fig. 249. — Pfeiffer, in: Martini-Chemnitz, ed. II, pag. 103, Tab. 17, Fig. 9—11.

Diplommatina? Sowerbyi Pfeiffer, Monogr. Pneumonopom. I, pag. 121.

Arinia minor Adams, Genera pag. 288. — Semper, Journal de Conchyliologie, XIII, 1865, pag. 293.

Arinia Sowerbyi Pfeiffer, Monogr. Pneumonopom. III, pag. 90.

Gehäuse kaum durchbohrt, länglich eiförmig, sehr dünnschalig, glatt, nur die oberen Umgänge unter der Loupe dicht rippenstreifig, glänzend, durchsichtig gelblich; Gewinde gerundet mit stumpfem Apex. Die fünf Umgänge sind aufgetrieben und werden durch eine tief eingeschnürte Naht geschieden; der vorletzte ist am breitesten, der letzte wieder verschmälert. Die Mündung ist nahezu senkrecht und fast kreisrund, der Mundsaum weiss, kurz ausgebreitet, die Ränder hängen fast zusammen, der Spindelrand ist in der Mitte etwas eckig verbreitert. — An einem der mir vorliegenden Exemplare von Si-Arga ist der Mundsaum deutlich doppelt.

Aufenthalt auf Panay (Cuming). Bei Si-Arga (Semper).

2. Arinia scalatella Dohrn.

Taf. 1 Fig. 14.

Testa subobtecte perforata, ovato-oblonga, tenuis, costis distantibus transversis regulariter sculpta, pellucida, flavido-cornea; spira ovata apice acuto; sutura valde impressa. Anfractus 5½ turgidi, ultimus attenuatus. Apertura parum obliqua, circularis, peristomium late expansum, marginibus vix ad anfractum penultimum disjunctis. — Operculum extus concavum, lamelloso-arctispirum, corneum. DOHRN.

Long. 4¼, diam. anfr. penult. 2¾ mm.

Arinia scalatella DOHRN, Proc. Zoolog. Soc. 1862, pag. 181. — PFEIFFER. Monogr. Pneumonopom. III, pag. 90. — CROSSE, in: Journal de Conchyliologie. XIII. 1865, pag. 293.

Gehäuse fast bedeckt durchbohrt, lang eiförmig, dünnschalig, mit regelmässigen entferntstehenden Rippen skulptirt, durchsichtig, horngelb; Gewinde gerundet eiförmig, mit spitzem Apex und tiefeingedrückter Naht. 5½ aufgetriebene Umgänge, der letzte etwas verschmälert. Mündung nur wenig schief, kreisrund, der Mundsaum weit ausgebreitet mit an der Mündungswand kaum getrennten Rändern. — Deckel aussen concav, mit engen, lamellösen Windungen, hornig.

Aufenthalt auf dem Berge Arayat in Luzon.

Junge Exemplare sehen wie eine weitgenabelte, gerippte Helix mit stielrunden Umgängen aus. Diese Art unterscheidet sich von der vorigen sofort durch schlankere Gestalt und weitläufigere Berippung der oberen Umgänge; auch auf dem letzten Umgang sind noch Rippenspuren sichtbar.

C. Cyclophoridae.

Gattung Cyclophorus Montfort.

Die erdbewohnenden dickschaligen Cyclophorus und die von ihnen kaum generisch zu trennenden Baum- und Gebüsch-bewohnenden Leptopoma bilden die characteristischesten Gruppen der Philippinischen Deckelschnecken und machen zusammen mehr als die Hälfte der von dort bekannten Arten aus. Beide Gattungen sollen sich hauptsächlich im Deckel unterscheiden, welcher, obwohl bei beiden Gattungen hornig mit zahlreichen Windungen, bei Cyclophorus dick und hornig, bei Leptopoma dünn und häutig ist. In den ausgeprägten Arten ist ja die Unterscheidung leicht: die Cyclophorus tragen als Erdschnecken ein festes, dunkel gefärbtes, undurchsichtiges Gehäuse, die Leptopomen als Laubschnecken sind durchsichtig, lebhaft gefärbt, mit Ausnahme weniger Arten weiss, durchscheinend mit Bändern und Zeichnungen. Cyclophorus acutimarginatus und seine nächsten Verwandten freilich bilden Zwischenformen, welche PFEIFFER zu Leptopoma stellt, ich aber mit MARTENS (Malakozool. Blätter Vol. XI. pag. 110) zu Cyclophorus stellen muss.

1. Cyclophorus validus Sowerby.

Taf. 1 Fig. 1, 2; Taf. 2 Fig. 1—5.

Testa pervie sed subobtecte umbilicata, turbinata, solida, spiraliter undique subtilissime lineata, saepe liris nonnullis majoribus cariniformibus, luteo-fusca, castaneo varie strigata, marmorata vel zonata, interdum pulcherrime fulgurata; spira conoidea, obtusa, apice pallidiore. Anfractus 5—5½ convexi, ultimus basi convexus, sensim in umbilicum abiens. Apertura obliqua, irregulariter subcircularis, intus coerulescenti-albida, late luteo vel carneo limbata: peristoma incrassatum, duplex, internum continuum, ad marginem externum plerumque valde protractum, ad internum patulum, dilatatum; externum subreflexum, ad marginem internum sat late super umbilicum reflexum. — Operculum tenue, corneum, arctispirum, extus parum concavum.

Diam. maj. 38, min. 31, alt. 32 mm, diam. apert. obl. 17,5 mm.

Var. α: spira magis elevata, umbilico fere clauso (Taf. 2 Fig. 1, 2, 4).
Diam. maj. 37, min. 30, alt. 32 mm.

Var. β: minor, testa distinctius carinata, umbilico subobtecto (Taf. 2 Fig. 5).
Diam. maj. 28, min. 23, alt. 24 mm.

Cyclostoma validum Sowerby, Proc. Zool. Soc. 1842, pag. 82. — Thesaurus Conchyl. pag. 123, Tab. 27, Fig. 132, 133. — Pfeiffer, in: Martini-Chemnitz, ed. II, pag. 89, Tab. 11, Fig. 9, 10; Tab. 16, Fig. 15, 16.
Cyclophorus validus Pfeiffer, Zeitschr. für Malakozool. 1847, pag. 107. — Monograph. Pneumonop. I, pag. 77. — Reeve, Conch. Icon. sp. 23, Fig. c, d.

Gehäuse durchgehend aber meist ziemlich verdeckt genabelt, kreiselförmig, dickschalig, bald nur mit feinen Spirallinien, bald mit einzelnen oder zahlreichen vorspringenden Kielen obenher skulptirt, gelblichbraun mit dunklen Striemen, Flecken und Binden, oder auch umgekehrt braun mit gelblichen Flammen gezeichnet, manchmal mit einer helleren Kielbinde und einer braunen Binde darunter. Gewinde kegelförmig, ziemlich hoch, mit stumpfem Wirbel. Es sind reichlich fünf Umgänge vorhanden: sie sind gut gewölbt, der letzte ist in der Nabelgegend heller und etwas deutlicher gestreift. Die Mündung ist schief, unregelmässig kreisrund mit einer Ecke nach dem Innenrand, innen bläulichweiss, aber mit breitem gelblichem oder fleischfarbenem Saum. Der Mundsaum ist doppelt, der innere zusammenhängend, an fast allen meinen Exemplaren am Aussenrand über 2 mm weit vorgezogen, an der Ecke des Innenrandes dagegen verbreitet und nach aussen gewendet, der Aussenrand kurz umgeschlagen, an der Innenseite auch verbreitert und über den Nabel vorgezogen.

Der Deckel ist wie bei den Verwandten, dünn, hornig, enggewunden, die Windungen auf der kaum concaven Aussenseite etwas lamellös vorspringend, die Innenseite glatt.

Auch diese Art variirt nach dem mir vorliegenden Materiale sehr erheblich. Exemplare von der Sierra Ballones auf Bohol haben höheres Gewinde und den Nabel beinahe ganz geschlossen (Fig. 1—3); andere von Tabuntapa (Taf. 2 Fig. 3, 4) haben ihn wenigstens beinahe verdeckt. — Endlich ist noch eine kleinere Form von Leyte mit starken Kielen und lebhafter Zeichnung da, welche durch die Skulptur der Abbildung bei MARTINI-CHEMNITZ Taf. 16 Fig. 15, 16 ziemlich nahe kommt, aber kleiner ist. Ich zweifle nicht, dass alle diese Formen zusammengehören.

CUMING nennt als Fundorte Luzon, Leyte, Samar und Mindanao; die Art ist also auf den Philippinen weit verbreitet.

2. Cyclophorus linguiferus Sowerby.

Taf. 1 Fig. 3, 4; Taf. 2 Fig. 9, 10.

Testa mediocriter sed pervie umbilicata, depresso-turbinata, crassa, dense subtiliter striata et obsolete spiraliter lirata, fulvescens, brunneo angulatim strigata vel obsolete fasciata, spira interdum livide brunnea; spira elevatiuscula, apice obtuso. Anfractus 5 convexi, sutura impressa discreti, ultimus teres, sensim in umbilicum abiens. Apertura subverticalis, circularis, faucibus lacteis; peristoma subincrassatum, duplex: internum continuum, rectum, prohuetum, intus pallide fulvo late limbatum, externum late disjunctum, supra vix expansum, ad marginem columellarem in appendicem semilunarem, patentem, basi anguste protractum dilatatum. — Operculum tenue, corneum, extus concavum, anfractibus quinque.

Diam. maj. 33, min. 26, alt. 25 mm.

Cyclostoma linguiferum SOWERBY, Proc. Zoolog. Soc. 1843, pag. 31. — Thesaurus Conch. pag. 125, Tab. 29, Fig. 198. — PFEIFFER, in: MARTINI-CHEMNITZ, ed. II. pag. 168, Tab. 23, Fig. 1—3.

Cyclophorus linguiferus PFEIFFER, Zeitschr. für Malacozool. 1847, pag. 107. — Monogr. Pneumonopom. I, pag. 78.

Cyclophorus validus var. REEVE, Conch. Icon. sp. 23, Fig. a, b (nec c, d).

Gehäuse mittelweit, aber offen und durchgehend genabelt, niedrig kreiselförmig, festschalig, fein gestreift und mit undeutlichen Spiralleisten skulptirt, kaum glänzend, braungelb mit wenig deutlichen blassbraunen Flammen und Bändern, meist mit deutlicheren Nahtflecken und einer helleren Binde um die Peripherie, unter welcher die Zeichnungen eine dunklere Binde bilden; die oberen Umgänge sind an meinen Exemplaren livid bräunlich, von Zeichnung ist nur die Nahtbinde erkennbar. Das Gewinde ist flach pyramidal mit feinem aber abgestutztem Wirbel. Die fünf Windungen sind gewölbt, durch eine eingedrückte Naht geschieden, der letzte stielrund, vorn nicht herabsteigend, langsam in den Nabel übergehend. Die Mündung ist fast senkrecht, beinahe kreisrund, innen milchweiss, glänzend. Der Mundsaum ist doppelt, etwas verdickt, der innere zusammenhängend, geradeaus vorgezogen, nur an der Spindelseite verbreitert, innen breit braungelb gesäumt, der äussere am vorletzten Umgang unterbrochen, am Ansatz in ein kleines Oehrchen auslaufend, am Spindelrand in eine breite, halbmondförmige, etwas zurückgebogene, aber ganz freie weisse Platte, welche die Hälfte des Nabels überdeckt, verbreitert. — Der Deckel ist hornig, dünn, aussen concav, mit fünf gleichbreiten Windungen ausser dem Nucleus.

Aufenthalt auf Bohol, von CUMING entdeckt.

Unter der SEMPER'schen Ausbeute befinden sich zwei Hauptformen. Das Taf. 1 Fig. 3, 4 abgebildete Exemplar, leider ohne genauere Fundortsangabe, zeichnet sich durch hellere Färbung und bedeutendere Höhe vor der zweiten Form (Taf. 2 Fig. 9, 10), welche von der Insel Mindanao zwischen Liango und Hinatuan stammt, aus; auch ist bei der ersteren Form der Nabel mehr überdeckt; in Gestalt und Skulptur stimmen beide aber recht gut überein.

REEVE rechnet die Art zu Cycl. validus als Varietät, hat aber damit keinen Beifall gefunden; mir sind Zwischenformen nicht vorgekommen.

3. Cyclophorus tigrinus Sowerby.

Taf. 2 Fig. 21—23; ?Taf. 2 Fig. 6—8.

„C. testa umbilicata, turbinata, solida, striata, castanea, strigis et flammis obliquis et angulosis flavidis ornata; spira elevata, acutiuscula; anfractibus 6 convexis, costis spiralibus pluribus, plerumque 3 majoribus cinctis, ultimo basi sublaevigato; umbilico mediocri, pervio; apertura obliqua, subcirculari, intus lutescente; peristomate incrassato, concentrice sulcato, breviter reflexo, marginibus callo aequali junctis, columellari supra umbilicum dilatato, patente. — Operculum tenue, corneum, arctispirum². L. PFR.

Diam. maj. 28, alt. 25 mm.

Cyclostoma tigrinum SOWERBY, Proc. Zoolog. Soc. London, 1843, pag. 30. — Thesaurus Conchyl. pag. 126, Tab. 29, Fig. 201—204. — REEVE, Conchol. system. Tab. 183, Fig. 110. — PFEIFFER, in: MARTINI-CHEMNITZ, ed. II, pag. 61, Tab. 8, Fig. 13—16; Tab. 16, Fig. 17. 20.

Cyclophorus tigrinus PFEIFFER, Zeitschr. f. Malacozool. 1847, pag. 107. — Monogr. Pneumonopom. I, pag. 72. — ADAMS, Genera pag. 279, Tab. 85, Fig. 5. — REEVE, Conchol. Icon., Tab. 6, Fig. 25; Tab. 8, Fig. 30.

Von dem typischen Cyclophorus tigrinus, der auf den Philippinen weit verbreitet sein muss, da ihn PFEIFFER nach CUMING von Guimaras, Masbate, Leyte, Samar und Siquijor nennt, findet sich unter SEMPER's Ausbeute merkwürdiger Weise kein Exemplar. Ich habe darum ein Exemplar abbilden lassen, welches CUMING seiner Zeit dem SENCKEN-

BERG'schen Museum unter dem Namen Cycl. Woodianus übergeben hat und das desshalb auf der Tafel auch mit diesem Namen bezeichnet ist; es stimmt mit der PFEIFFER'schen Diagnose bis auf die weisse Mündung völlig überein. — Ein anderes mir vorliegendes Exemplar, das mir ED. VON MARTENS als von Jagor bei Daraga auf Luzon gesammelt mittheilte, zeigt schwächere Spiralskulptur und weniger ausgeprägte Zeichnungen; die Unterseite ist fast ganz glatt, der letzte Spiralreif bildet eine peripherische Kante. Bei beiden Exemplaren ist der Nabel beinahe zu zwei Dritteln überdeckt; das CUMING'sche zeigt auch einen ausgeprägten Fortsatz am Spindelrand.

Nun befindet sich aber unter der SEMPER'schen Ausbeute eine Serie von Exemplaren, welche sich von Cycl. tigrinus nur durch flachere Gestalt und völlig offenen Nabel unterscheiden, in Skulptur und Zeichnung aber wenigstens zum Theil mit ihm aufs genaueste übereinstimmen. Von solchen Stücken, wie eins Taf. 2 Fig. 6 abgebildet ist, führen sodann alle möglichen Uebergänge hinüber zu Exemplaren, wie das Taf. 2 Fig. 7, 8 abgebildete, bei welchem Zeichnung und Skulptur ganz zurücktreten und man fast zweifelhaft werden könnte, ob man nicht die flache, weitgenabelte Form von Cycloph. Woodianus (cfr. Taf. 1 Fig. 6—8) vor sich habe. Einzelne Exemplare sind nahezu vollkommen glatt, aber die Uebergänge erfolgen so allmählig, dass man nicht einmal eine Varietät darauf begründen kann. Der Fundort ist Tabuntug.

1. Cyclophorus acutimarginatus Sowerby.

Taf. 3 Fig. 1—13.

Testa anguste et vix pervie umbilicata, depresso-turbinata, tenuiuscula, oblique striatula, lutescens, olivaceo-fusco strigata et fasciata, serie macularum majorum infra suturam: spira brevis, conica, acutiuscula. Anfractus 5 convexiusculi, ultimus supra subturgidus, acute carinatus, basi sat convexus. Apertura subcircularis, parum obliqua, alba, intus coerulescens; peristoma duplex, internum continuum, rectum, plus minusve porrectum, externum undique expansum et reflexum, ad anfractum penultimum interruptum.— Operculum corneum tenue, membranaceum, arctispirum.

Diam. maj. 25, min. 21, alt. 19 mm; diam. apert. cum peristomate obl. 15 mm.

Var. major, apertura multo majore. Diam. maj. 31, diam. apert. obl. 16 mm. (Fig. 7—9).

Cyclostoma acutimarginatum SOWERBY, Proceed. Zoolog. Soc. 1842, pag. 80. — Thesaurus
  Conch. pag. 112, Tab. 27, Fig. 138, 139. — PFEIFFER, in: MARTINI-CHEMNITZ,
  ed. II. pag. 128, Tab. 15, Fig. 19—22.
Leptopoma acutimarginatum PFEIFFER, Zeitschr. f. Malakozool. 1847, pag. 109. — REEVE,
  Conch. Icon. sp. 1.
Cyclophorus acutimarginatus MARTENS, Malakozool. Bl. XI. pag. 111.

Gehäuse eng und kaum durchgehend, aber offen genabelt, niedergedrückt kreiselförmig, ziemlich dünnschalig, schräg fein gestreift, grüngelblich, in verschiedener Weise
olivenbraun gezeichnet, meistens oberseits gestriemt, unter dem Kiel mit einer breiten
Binde, und fast immer mit einer Reihe besonders grosser, länglich viereckiger, radiär-
gestellter Flecken längs der Naht, die auch bei den hellfarbigsten Exemplaren erkennbar
ist. Das Gewinde ist niedrig kegelförmig, etwas zugespitzt. Die fünf Umgänge sind
mässig gewölbt, der letzte hat einen scharfen, zusammengedrückten Kiel, der bald genau
in der Mitte, bald aber auch erheblich unter derselben verläuft; die Unterseite ist ebenfalls convex. Die Mündung ist wenig schräg, relativ gross, unregelmässig kreisförmig,
immer mit einer undeutlichen Ecke zwischen Basal- und Spindelrand, weiss oder gelb,
innen bei frischen Exemplaren bläulich. Der Mundrand ist bei ganz ausgebildeten Stücken
immer doppelt, was PFEIFFER nur als Ausnahme gelten lassen will, der innere zusammenhängend und häufig geradeaus vorgezogen, der äussere an dem vorletzten Umgang unterbrochen, sonst überall ausgebreitet und umgeschlagen; eine besondere Verdickung am
Ansatz kann ich nicht erkennen. — Der Deckel ist hornig, fast häutig dünn, und sehr
eng gewunden.

Nach dem mir vorliegenden Material ist diese Art ziemlich variabel, sowohl in
der Stellung des Kiels, als in der Zeichnung; nur die Fleckenreihe unter der Naht scheint
konstant und findet sich auch bei der sonst ziemlich abweichenden grösseren Form, die
SEMPER zwischen Liangi und Hinatuan sammelte und ich Fig. 7—9 abbilde; dieselbe hat
die Zeichnung auffallend in Bänder angeordnet und die Mündung besonders gross, ist aber
sonst nicht abzutrennen. — Ein Exemplar von der Sierra Bullones auf Bohol (Fig. 10—12)
ist auffallend gewölbt, die Nahtflecken stehen dicht zusammen und auf der Oberseite des
letzten Umganges stehen einige deutliche Spiralkiele, auch ist der Nabel zur grösseren
Hälfte überdeckt; ich würde sie als besondere Varietät benannt haben, wenn nicht mit
ihr zusammen andere Exemplare gefunden worden wären, welche zwar auch stärkere
Spiralsculptur haben, aber in der Form sonst ganz dem Typus gleichen. — Eine andere
prachtvoll gezeichnete Form liegt vor von Palapa auf Samar (Fig. 1—3); hier überwiegen
die weissen Nahtflecken bedeutend und die dunkle Färbung fliesst nach der Mündung
hin in breite Bänder zusammen. — Weiterhin wurde die Art noch gesammelt bei Si-Aigar
und bei Basiguan.

5. Cyclophorus (acutimarginatus var.?) alabatensis m.

Taf. 3 Fig. 14—16.

Testa semiobtecte perforata, globoso-turbinata, tenuiuscula sed solida, oblique striatula, spiraliter lirata, lutescens, sub epidermide decidua castaneo strigata et maculata,
serie macularum majorum radiatim dispositarum infra suturam, altera ad carinam ornata.
Anfractus 5 convexiusculi; superi 3 laeviusculi, unicolores, brunnei; ultimus subturgidus,

19

medio distincte carinatus, supra et infra sat convexus, rapide in perforationem desinens. Apertura subcircularis, parum obliqua, albida, faucibus coerulescentibus; peristoma duplex, sicut in C. acutimarginato typico. Diam. maj. 20, min. 17, alt. 15,5, aperturae diam. obliq. (cum peristom.) 11 mm.

Ich wage nicht recht, diese kleine Form, obschon sie ziemlich erheblich abweicht, als eigene Art abzutrennen, da die Form von der Sierra Bullones in einigen Beziehungen zu ihr hinüberführt. Sie ist erheblich kleiner, als die kleinsten mir vorliegenden Exemplare des Typus und die Umgänge sind viel mehr aufgeblasen, so dass der Kiel weit mehr als ein aufgesetzter Faden erscheint, als beim typischen C. acutimarginatus. Die Spiralskulptur ist zu deutlichen Reifen namentlich auf der oberen Seite entwickelt und eine ganz feine aber deutlich sichtbare, leicht gefaltete Epidermis überzieht die Oberfläche und giebt ihr einen matten Seidenglanz. Der Nabel ist eigentlich nur noch eine weite Perforation und fast zur Hälfte durch den Mundrand überdeckt. Auch die Zeichnung, obschon im Ganzen den bei C. acutimarginatus herrschenden Charakter beibehaltend, weicht insofern ab, als die Nahtflecken deutlich radiär angeordnet und breiter als die hellen, bei Entfernung der Epidermis fast rein weiss erscheinenden Zwischenräume sind.

Aufenthalt auf der Insel Alabat; zwei Exemplare von Prof. SEMPER gesammelt.

6. Cyclophorus lingulatus Sowerby sp.

Taf. 3 Fig. 17—20.

Testa subanguste sed pervie umbilicata, subdepresso-conoidea, tenuiuscula, subtilissime striatula et liris nonnullis spiralibus subobsoletis superne sculpta, castanea, ad suturam et peripheriam albo-articulata; spira brevi, acuminata. Anfractus 5 convexiusculi, ultimus acute carinatus, intus coerulescens; peristoma continuum, plerumque duplex, internum acutum, vix porrectum, ad columellam leviter dilatatum, externum incrassatum, reflexiusculum, margine sinistro in appendicem liberum linguiformem album supra umbilicum dilatato. — Operculum tenue, corneum, planum, multispirum. Diam. maj. 28, min. 18,5, alt. 17 mm.

Cyclostoma lingulatum SOWERBY, Proc. Zool. Soc. 1843, pag. 61. — Thesaurus Conch. pag. 126, Tab. 29, Fig. 208—210. — PFEIFFER, in: MARTINI-CHEMNITZ, ed. II, pag. 168, Tab. 23, Fig. 6—10.
Cyclophorus lingulatus PFEIFFER, Zeitschr. für Malakozool. 1847, pag. 107. — Monogr. Pneumonopom. I, pag. 79. — REEVE, Conch. Icon. sp. 19.

Gehäuse ziemlich eng, aber offen und durchgehend genabelt, niedergedrückt kegelförmig mit convexer Basis, ziemlich glatt, feingestreift, oberseits mit einigen undeutlichen Spiralleisten skulptirt, meist kastanienbraun mit einer weiss und braun gegliederten Binde

3*

an der Naht und am Kiel, oder auch mit weissen Striemen und Flammen und selbst umgekehrt weisslich, mit braunen Striemen und Flecken gezeichnet. Das Gewinde ist kurz erhaben und zugespitzt, einigermaassen gegen den letzten Umgang abgesetzt. Die fünf Umgänge sind leicht gewölbt, der letzte ist mehr oder minder scharf gekielt und unterseits gewölbt, nach vorn nicht herabsteigend. Die Mündung ist fast senkrecht, kreisrund, innen bläulich. Der Mundsaum ist meistens mehr oder minder deutlich doppelt, der innere zusammenhängend, kurz vorgezogen, nur am Spindelrand leicht verbreitert, der äussere etwas verdickt, am vorletzten Umgang kaum unterbrochen, an der Spindelseite in einen zungenförmigen, weissen, ganz freien Flügel ausgezogen. — Deckel dünn, hornig, flach, vielgewunden.

Aufenthalt nach CUMING auf Siquijor, Bohol und Zebu; SEMPER hat sie nicht gefunden; die abgebildeten Exemplare erhielt das SENCKENBERG'sche Museum von CUMING.

Diese Art ist zweifellos am nächsten mit C. acutimarginatus verwandt und es ist unbegreiflich, wie PFEIFFER diesen zu Leptopoma stellen, lingulatus dagegen bei Cyclophorus lassen konnte; der eigenthümliche Fortsatz am Nabel ist der Hauptunterschied.

7. Cyclophorus Woodianus Lea.

Taf. 4 Fig. 1—8.

Testa late et perspectiviter umbilicata, transverse ovata, subdepressa, solida, subtiliter undique lirata, liris nonnullis supra fere semper majoribus, carinas obtusas exhibentibus, rarius undique aequalibus, supra castanea, plus minusve albo-fulgurata et maculata, semper ad suturam fascia lata albo- et castaneo-articulata, ad peripheriam fascia pallida, subtus altera latiore castanea, circa umbilicum pallidior; spira brevis, apice acuminato. Anfractus 5 convexi, ad suturam depressi, ultimus leviter dilatatus, supra planatus, basi teres. Apertura obliqua, subcircularis, intus caerulescens, late carneolimbata; peristoma duplex, incrassatum, albidum vel carneum, continuum, internum rectum supra angulatum, externum breviter expansum, parum adnatum. — Operculum corneum, extus concavum, intus nitidum, centro vix tuberculato.

Diam. maj. 30, min. 24, alt. 18—20 mm.

Cyclostoma Woodiana LEA, Transact. Amer. Philos. Soc. 1841, VII, pag. 405, Tab. 12, Fig. 19. — PFEIFFER, in: MARTINI-CHEMNITZ, ed. II, pag. 53, Tab. 7, Fig. 1—3.
Cyclostoma luzonicum SOWERBY, Proc. Zool. Soc. 1842, pag. 80. — Spec. Conch. Fig. 133. — Thesaurus Conchyl. pag. 114, Tab. 27, Fig. 136, 137.
Cyclostoma Gironnieri SOULEYET, Revue Zoolog. 1842, pag. 101. — Voy. Bonite Moll. Tab. 20, Fig. 12—17.
Cyclophorus Woodianus PFEIFFER, Zeitschr. für Malakozool. 1847, pag. 108. — Monogr. Pneumonopom. I, pag. 88, Nr. 62. — REEVE, Conch. Icon. sp. 33.

Gehäuse weit und perspektivisch genabelt, niedergedrückt, queroval, festschalig, dicht mit feinen Spiralreifen skulptirt, von denen immer eine Anzahl auf der Oberseite als stärkere Rippen vorspringen, durch deutliche Anwachsstreifen obenher fast gegittert, nur selten mit mehr gleichmässiger Spiralstreifung, meist ziemlich düster gefärbt, obenher graubraun oder kastanienbraun mit hellen Flammenzeichnungen, stets unter der Naht mit einer Fleckenbinde aus radiär gestellten kastanienbraunen und helleren Gliedern, meist auch mit einer helleren Nahtbinde und darunter einem breiten tief kastanienbraunen Bande, welches nur die Nabelgegend frei lässt, die hell braungelb erscheint. Das Gewinde ist ziemlich niedrig mit kurz erhobenem Apex. Die fünf Umgänge sind gewölbt, der letzte und der vorletzte unter der Naht in der Breite der gegliederten Binde flach, aber bei meinen Exemplaren niemals rinnenförmig, wie PFEIFFER angiebt; der letzte ist stielrund, wenig verbreitert. Die Mündung ist ziemlich schief, fast kreisrund, etwas querverbreitert, innen bläulich mit breitem fleischröthlichem Saum; das weissliche Band scheint durch; der Mundrand ist doppelt, verdickt, zusammenhängend; der innere ist gerade, oben mit einer Ecke vorgezogen, nach aussen und unten leicht geöffnet, aussen konzentrisch gestreift; der äussere kurz ausgebreitet und nur wenig angewachsen. — Der Deckel ist hornig, aussen concav, enggewunden, innen schwielig mit einem ganz schwachen zitzenförmigen Vorsprung in der Mitte.

Diese Art ist in einer reichen Serie vertreten. Als Typus möchte ich die Fig. 1, 2 abgebildeten Exemplare betrachten, welche von Palawan stammen. Eine Riesenform bilden die beiden Fig. 6—8 abgebildeten Formen von der Cordillere von Ambakuk: der grosse Durchmesser beträgt bis 37 mm, der kleine 34, die Höhe 24 mm; dabei ist der Mundsaum fast unterbrochen und kaum erkennbar doppelt. Die Spiralskulptur ist unterseits kaum mehr erkennbar, obenher springen, wie gewöhnlich, einige Reifen vor, aber dazwischen laufen nur feine Linien; die Anwachsstreifen lassen diese fein gekörnelt erscheinen. Es wäre vielleicht zweckmässig, diese Form als eigene Varietät (var. ambakukensis) zu unterscheiden. — Das andere Extrem bildet die kleine unter Fig. 5 abgebildete, rauh skulptirte Form von Arayat, welche ich var. arayatensis benenne. Die Dimensionen sind: diam. maj. 22, min. 18, alt. 15,5 mm: die vorspringenden Reifen der Oberseite sind zu breiten, regelmässigen Leisten geworden, ohne jede farbige Gliederung, mit nur wenigen zwischenliegenden feinen Linien. Der Mundrand ist deutlich doppelt. — Dass die Bildung des Mundsaumes äusserst variabel ist, beweist das Fig. 3 abgebildete, mit dem Typus zusammen vorkommende Exemplar: sein Mundrand ist auf der Mündungswand völlig unterbrochen, kaum durch eine ganz dünne Callusschicht verbunden: der innere Mundrand fehlt ganz, der äussere ist leicht glockenförmig ausgebreitet. Käme dieses Exemplar nicht ganz einzeln unter dem Typus vor und stimmte es nicht in der Zeichnung und Skulptur völlig mit ihm überein, so käme man wirklich in Versuchung, auf diese wahrscheinlich individuelle Abänderung eine Art zu begründen. — Endlich ist noch von Interesse die Fig. 4 abgebildete Form von S. Nicolao di Nueva, bei welcher auf den unteren Umgängen die Spiralskulptur sehr zurücktritt und von der charakteristischen Färbung nur die Fleckenreihe unter der Naht und eine verwaschene braune Färbung unter der schmalen, scharfen peripherischen Binde übrig geblieben sind.

8. Cyclophorus intercedens n.

Taf. 4 Fig. 9—11.

Testa latissime et perspectiviter umbilicata, transverse ovata, solida, undique spiraliter lirata, liris 6—8 supra peripheriam subcarinatam majoribus, lineis incrementi irregularibus, parum conspicuis; griseo-lutescens, liris majoribus castaneo articulatis, serie macularum radiatim dispositarum castanearum infra suturam et fascia lata infra carinam, flammulisque pallidioribus ornata. Anfractus 5 convexi, inferi prope suturam plano-depressi, ultimus dilatatus, depressus, angulato-carinatus, supra et infra planiusculus. Apertura obliqua, transverse ovata, carnea, intus caerulescens; peristoma crassum, carneum, duplex: internum continuum, rectum, productum, externum subinterruptum, reflexiusculum, ad umbilicum breviter auritum.

Diam. maj. 32, min. 26, alt. 16 mm.

Gehäuse auffallend weit und perspektivisch genabelt, queroval, festschalig, allenthalben mit dichten Spirallinien und Reifen umzogen, von denen auf der Oberseite des letzten Umganges 6—8 auffallend stärker vorspringen und durch braune Gliederung noch mehr hervorgehoben werden; auf der Unterseite sind sie bis in den Nabel hinein gleichmässig und fein; die Anwachsstreifen sind unregelmässig und wenig in die Augen fallend. Die Grundfärbung ist ein zartes Gelbgrau; unter der Kante des letzten Umganges läuft eine breite braune Binde; unter der Naht steht eine Reihe grosser kastanienbrauner Flecken, welche sich blass und fast schattenhaft bis zur peripherischen Kante fortsetzen; die stärkeren Spiralreifen sind, wie schon erwähnt, kastanienbraun gegliedert. Es sind reichlich fünf Umgänge vorhanden: die oberen sind rein gewölbt, die unteren von der Naht bis zum ersten stärkeren Spiralreifen abgeflacht, dann gewölbt, der letzte ist verbreitert, oben und unten abgeflacht, an der Peripherie kantig mit einem besonders starken und schön braun gegliederten Kiel, welcher durch die unterliegende braune Binde noch mehr hervorgehoben wird. Die Mündung ist schräg, quer eirund (11,5 : 13 mm), fleischbarben, im Gaumen bläulich; der Mundsaum ist stark verdickt, doppelt; der innere ist zusammenhängend, vorgezogen, der äussere beinahe unterbrochen, umgeschlagen, am Spindelrand ohrförmig über den Nabel verbreitert.

Nicht ohne Bedenken trenne ich die beiden vorliegenden Exemplare von Cyclophorus Woodianus Lea, mit dem sie vielleicht doch als Varietät zu verbinden sind. Von allen mir vorliegenden Formen unterscheiden sie sich aber nicht nur durch die flachere Gestalt und den verbreiterten letzten Umgang sowie durch die Abflachung der Unter-

seite, welche die Mündung queroval erscheinen lässt, und die deutlich vortretende Kiel-
kante, sondern auch durch den deutlichen ohrförmigen Ansatz am Spindelrande, der
einigermaassen zu der Bildung von Cyclophorus canaliferus hinüberführt. Die Naht ist
übrigens durchaus nicht rinnenförmig.

9. Cyclophorus canaliferus Sowerby.

Taf. 4 Fig. 12—17.

Testa umbilicata, depresso-turbinata, solida, striis spiralibus confertis undique sculpta,
quarum 7—9 superne majoribus, carinas obtusas exhibentibus, castanea, albomaculata et
flammulata, interdum ad peripheriam late albofasciata, juxta suturam profunde incisam,
canaliculatam maculis majoribus albis, radiatim dispositis articulata; spira breviter elevata, obtusiuscula. Anfractus 5 convexi, superi laeves, sutura lineari tantum divisi, inferi
sutura profundiore, ultimus fere subsolutus, infra fasciam albam periphericam fascia lata
castanea vel nigrescente signatus, circa umbilicum pallidus; umbilicus mediocris, pervius,
anfractus omnes exhibens. Apertura parvula, circularis, intus alba vel rufescenti-carnea;
peristoma incrassatum, breviter reflexum, continuum, parum adnatum, margine sinistro in
laminam liberam subsemicircularem super umbilicum expanso. — Operculum corneum,
arctispirum, extus concavum.

Diam. maj. 33, min. 25, alt. 23, alt. apert. 11,5 mm.

— — 29, — 24, — 22, — — 11 —

— — 27,5, — 22,5 — 20, — — 13 —

Cyclostoma canaliferum Sowerby, Proceed. Zool. Soc. 1842, pag. 81. — Spec. Conch.
Fig. 195, 196. — Thesaurus Conch. pag. 115, Taf. 27, Fig. 140—142. —
Pfeiffer, in: Martini-Chemnitz, Conch.-Cab. ed. II, pag. 11, Taf. 4, Fig.
14—16.

Gehäuse mittelweit, aber offen und durchgehend genabelt, niedergedrückt kreiselförmig, dickschalig, überall mit dichtstehenden, feinen Spirallinien umzogen, von denen
oberseits 4—8 stärkere als wenig erhabene stumpfe Kiele vorspringen, oberseits kastanienbraun mit weisslichen Flammen und Flecken; besonders an der Naht stehen eine Anzahl
grösserer, radiär geordneter Flecken; der letzte Umgang hat an der Peripherie eine
schmälere oder breitere weissliche Binde, darunter eine breite tief kastanienbraune oder
fast schwarze, die aber mitunter auch mit hellen Flecken gezeichnet ist; die Nabelgegend
ist immer in grösserer oder geringerer Ausdehnung gelblich-weiss. Das Gewinde ist
wenig erhoben mit stumpfem, nicht besonders durch dunkle Färbung ausgezeichneten
Wirbel. Von den fünf gewölbten Umgängen sind die oberen glatt und nur durch eine
linienförmige Naht geschieden, nach unten hin wird die Naht immer tiefer und zuletzt
zu einer förmlichen Rinne, sodass der letzte Umgang fast abgelöst erscheint; die der Naht

entlang laufende Spiralleiste ist mitunter etwas stärker als die anderen. Die Mündung steht nur wenig schief zur Axe und ist fast kreisrund, innen meist glänzend bläulichweiss, der Rand wie der Mundsaum mehr fleischröthlich. Mundsaum doppelt, der innere zusammenhängend, gerade vorgestreckt, der äussere verdickt, abstehend, nur für eine kurze Strecke an den letzten Umgang angewachsen, an der linken Seite in eine halbkreisförmige oder zungenförmige leicht verdrehte Plattte über den Nabel hinaus vorgezogen. Deckel hornig, dünn, kaum eingesenkt, enggewunden, nach aussen concav, innen glänzend und mit einer hellbraunen, knopfartigen, warzenförmigen Erhöhung in der Mitte.

CUMING entdeckte diese jetzt in den Sammlungen sehr verbreitete Philippinenschnecke in der Provinz Tayabas auf Luzon. SEMPER sammelte sie auf dem Berg Diboy alto in der Provinz Calayan; ausserdem auf Mindoro, und die Taf. 4 Fig. 12—15 abgebildete kleine Form auf Burias.

Sie ist durch ihre eigenthümliche Naht gut charakterisirt und mit keiner anderen zu verwechseln.

10. Cyclophorus appendiculatus Pfeiffer.

Testa umbilicata, depressa, solida, lineis spiralibus elevatis confertis (4—5 paulo majoribus) sculpta, albida, fusculo marmorata, prope suturam canaliculatam maculis magnis, subquadrangularibus, castaneis, et supra peripheriam subcarinatam castaneo-articulatam fascia pallida signata; spira brevissime conoidea, apice cornea, obtusula: anfractus 4½ rapide accrescentes, ultimus ad suturam late depressus: umbilicus magnus, perspectivus: apertura obliqua, circularis; peristoma continuum, breviter adnatum, album, undique aequaliter expansum, margine sinistro in appendicem linguaeformem patentem dilatato. — L. PFEIFFER.

Diam. maj. 34, min. 27, alt. 15 mm; apert. intus 12 mm.

Cyclostoma appendiculatum PFEIFFER, Proceed. Zool. Soc. 1852, pag. 61. — MARTINI-CHEMNITZ, ed. II, pag. 345, Tab. 45, Fig. 7, 8.
Cyclostoma canaliferum var. SOWERBY, Thesaurus Conch. Tab. 27, Fig. 113.
Cyclophorus appendiculatus PFEIFFER, Monogr. Pneumonopom. I, pag. 90.

Ich kann mich bezüglich dieser Form nur der Ansicht SOWERBY's anschliessen, welcher sie für eine weitgenabelte Form von C. canaliferus mit etwas mehr zungenförmig entwickelter Platte ansieht. Leider liegt mir unter sämmtlichen SEMPER'schen Exemplaren von canaliferus nur ein abgeriebenes Stück von appendiculatus vor mit beschädigtem Fortsatz, das mit dem Typus bei Calayan gesammelt wurde.

Zu Woodianus, wie REEVE will, möchte ich sie nicht stellen, die Nahtbildung und der Fortsatz am Spindelrand verweisen sie entschieden zu canaliferus.

11. Cyclophorus Semperi n.

Testa mediocriter umbilicata, depresse globuloidea, tenuicula sed solida, pellucens, nitens, striatula, sub lente striis spiralibus subtilissimis sculpta, in anfractu ultimo liris nonnullis majoribus; luteo-brunnea, unicolor, in anfr. ultimo tantum fasciis albo-articulatis ornata; spira depresse trochiformis, vertice subtili, prominulo. Anfractus 5 convexi, ultimus subangulatus, ad angulum nec non ad suturam fascia angusta albo- et castaneo-articulata ornatus, circa umbilicum pallidior, ad aperturam leviter descendens. Apertura subobliqua, subcircularis; peristoma haud continuum, duplex, callo tenui junctum, internum brevissime productum, externum vix incrassatum.

Diam. maj. 20, min. 16,5, alt. 16 mm.

Gehäuse mittelweit und kaum durchgehend genabelt, gedrückt kegelförmig, dünn aber festschalig, durchscheinend, glänzend, fein gestreift und unter der Loupe mit ganz feinen Spirallinien skulptirt, auf der Oberseite des letzten Umgangs mit einigen undeutlichen Spiralkanten, einfarbig gelblichbraun, der letzte Umgang mit einer braun und weiss gegliederten Binde unter der Naht und an der Peripherie; der Nabel ist heller, weisslich. Gewinde flach kreiselförmig mit feinem, vorspringendem Wirbel. Die fünf Umgänge sind gut gewölbt, der letzte undeutlich kantig, vorn langsam etwas herabsteigend. Die Mündung ist ziemlich schräg, fast kreisrund, der Mundsaum nicht zusammenhängend, auf der Mündungswand nur durch einen ganz dünnen Callus verbunden, der innere kaum vorgezogen, der äussere ganz wenig umgeschlagen.

Nur ein Exemplar von Zebu, das sich mit keiner anderen Art vereinigen lässt.

12. Cyclophorus trochiformis n.

Testa parva, mediocriter sed pervie umbilicata, depresse trochiformis, solidula, supra liris 3 prominentibus in anfractibus spirae sculpta, fulvida, castaneo indistincte maculata; spira conoidea, vertice subtili. Anfractus 5½ convexiusculi, ultimus angulatus, ad angulum acute carinatus, inferne convexiusculus, undique spiraliter sulcatus, rectangulatim in umbilicum abiens. Apertura subobliqua, subcircularis, extus angulata; peristoma simplex, leviter incrassatum, marginibus callo tenuissimo junctis, externo ad angulum producto.

Diam. maj. 6, min. 5, alt. 5 mm.

Gehäuse klein, mittelweit aber durchgehend genabelt, flach kreiselförmig, ziemlich festschalig, obenher mit drei vorspringenden, gleichweit entfernten Leisten skulptirt, bräunlich-gelb mit undeutlichen kastanienbraunen Flecken. Das Gewinde ist kegelförmig mit feinem Wirbel. Die 5½ Umgänge sind ziemlich gewölbt, der letzte kantig und an der Kante mit einem scharfen zusammengedrückten Kiel, auf der Unterseite mit dichten Spiralfurchen skulptirt und rechtwinklig in den Nabel abfallend. Die Mündung ist etwas schräg, fast kreisrund, aussen eckig; der Mundrand ist einfach, leicht verdickt, die Ränder durch einen dünnen Callus verbunden, der Aussenrand an der Kante vorgezogen.

Nur ein Exemplar von Tabuntug auf Tubigan.

Es könnte nur mit C. parvus verglichen werden, hat aber einen ganz anderen Nabel.

13. Cyclophorus umbilicatus n.

Taf. 4 Fig. 22. 23.

Testa depresse trochiformis, subanguste sed pervie umbilicata, distincte carinata, solidula, oblique striatula et liris nonnullis subtilissimis distantibus munita, luteo-fulva, supra castaneo-fusco fulgurata; anfractus 5 (? apice fracto), parum convexi, sutura profunde impressa discreti, ultimus leviter dilatatus, angulato-carinatus, subtus subinflatus, subite in umbilicum desinens, aperturam versus leviter descendens. Apertura obliqua, fere circularis, supra distincte angulata; peristoma continuum duplex: externum undique reflexum, internum vix protractum. — Operculum?

Diam. maj. 13, min. 11,5, alt. 10,5, diam. apert. cum peristom. 6 mm.

Gehäuse gedrückt kreiselförmig mit scharfkantigem letztem Umgang, nicht gerade weit, aber offen und durchgehend genabelt, ziemlich fest, doch nicht dickschalig, dicht und schräg gestreift, aber die Spiralskulptur nur aus wenigen, weit von einander liegenden feinen Spiralreifen, nur einem auf der Oberseite des letzten Umganges, skulptirt. Die Färbung des einzigen, leider etwas abgeriebenen Exemplares ist ein bräunliches Gelb; obenher erkennt man deutliche braune Flammenzeichnung. Der Apex ist ausgebrochen; anscheinend waren fünf Umgänge vorhanden; sie sind nur schwach gewölbt und werden durch eine tiefe, nach unten hin fast rinnenförmig eingedrückte Naht geschieden; der letzte ist deutlich kantig, nur wenig verbreitert, die Unterseite etwas aufgeblasen und steil, doch nicht kantig, in den Nabel abfallend; er steigt nach der Mündung hin langsam etwas herab. Die Mündung ist schräg, fast kreisrund, ein klein wenig in die Quere verbreitert, oben deutlich eckig. Der Mundrand ist zusammenhängend, doppelt, der innere kaum vorgezogen, der äussere allenthalben umgeschlagen.

Es liegt mir nur ein nicht sonderlich gut erhaltenes Stück vor, das Prof. SEMPER am 1. Januar 1860 bei Malannani sammelte. Ich habe den Namen nach der Aehnlichkeit der Unterseite mit der des mittelmeerischen Trochus umbilicatus gewählt.

14. Cyclophorus zebra Grateloup.

Taf. 4 Fig. 18. 19.

Testa perforata, globoso-conica, crassa, carinis obtusis, lineisque interjectis spiralibus cincta, fusca, brunneo et albido marmorata; spira turbinata, superne nigricans, acutiuscula; anfractus 5 convexi, penultimo subgibbo, ultimo saepe albo-unifasciato. Apertura obliqua, ovato-circularis, intus alba; peristoma duplicatum, internum continuum, rectum, externum incrassatum, patens, margine columellari reflexo, perforationem fere tegente.

Diam. maj. 16, alt. 14 mm.

Cyclostoma zebra GRATELOUP. Actes Bordeaux XI, pag. 411, Tab. 3, Fig. 9. — PFEIFFER, in: MARTINI-CHEMNITZ ed. II, pag. 132, Tab. 13, Fig. 31. 32; Tab. 13, Fig. 19—22.
Cyclostoma Philippinarum SOWERBY var., Thesaurus Conch. Tab. 29, Fig. 205, 207.
Cyclophorus zebra PFEIFFER. Monogr. Pneumonopom. I, pag. 74.

Gehäuse durchbohrt, kugelig kegelförmig, festschalig, deutlich schräg gestreift, oberseits mit zahlreichen stärkeren und schwächeren Reifen und Linien skulptirt, unterseits nur fein spiralgestreift, gelblichweiss mit braunen Flammen und einer braun und weiss gegliederten Nahtbinde, der letzte Umgang mit einer hellen peripherischen und darunter einer gesättigt braunen Binde. Gewinde kreiselförmig, spitz, oben meist schwärzlich. Die fünf Umgänge sind gewölbt, der vorletzte ist etwas höckerig aufgetrieben, der letzte gerundet, bei einem meiner beiden Exemplare vorn herabgebogen. Die Mündung ist schräg, ziemlich kreisrund, wenig ausgeschnitten, innen weiss oder mit durchscheinenden Binden. Mundsaum verdickt und oft doppelt, die Ränder durch einen gebogenen Callus verbunden, der Spindelrand zurückgeschlagen und einen Theil des Nabels deckend.

SEMPER sammelte diese Art auf dem Gipfel des Arayat; ausserdem liegt sie von einigen anderen Fundorten, doch ohne nähere Bezeichnung, unter seiner Ausbeute.

15. Cyclophorus Philippinarum Sowerby.

Taf. 4 Fig. 24. 25.

Testa perforata, conica, solida, costis spiralibus confertis superne sculpta, fulvida, castaneo maculata et strigata, fasciis 2 albis rufo-articulatis ad suturam et ad peripheriam ornata; spira conica, acutiuscula; anfractus 6 vix convexiusculi, ultimo obtuse angulato, basi subplanulato, sublaevigato; apertura ovali, intus albida; peristoma rectum, subincrassatum, marginibus distantibus, callo junctis, columellari medio extrorsum dilatato.

Diam. maj. 10, alt. 9 mm.

Cyclostoma Philippinarum SOWERBY, Proc. Zool. Soc. 1842, pag. 83 (ex parte). — Spec. Conch. Fig. 180—183. — Thesaurus Conch. pag. 125. Tab. 29, Fig. 206. — PFEIFFER, in: MARTINI-CHEMNITZ, ed. II, pag. 42, Tab. 5, Fig. 17, 18; Tab. 13, Fig. 32—34.
Cyclophorus Philippinarum PFEIFFER, Zeitschr. f. Malacozool. 1847, pag. 107. — Monogr. Pneumonopom. I, pag. 75. — REEVE, Conch. Icon. sp. 64.

4*

Gehäuse durchbohrt, kegelförmig, festschalig, oberseits mit einigen dichten Spiral-reifen skulptirt, bräunlichgelb mit kastanienbraunen Flecken und Striemen, auch mit einer braun gegliederten Binde unter der Naht und an der Peripherie; Gewinde kegelförmig, mit ziemlich spitzem Wirbel. Die sechs Umgänge sind kaum gewölbt, der letzte stumpf-kantig, unterseits flach, beinahe glatt; Mündung eiförmig, innen weisslich; Mundsaum gerade, etwas verdickt, die Ränder nur durch einen dünnen Callus verbunden, die Spin-del in der Mitte etwas nach aussen verbreitert.

Der Unterschied dieser Art von der vorigen besteht hauptsächlich in den gerin-geren Dimensionen und dem einfacheren Mundsaum; es ist mir kaum unwahrscheinlich, dass SOWERBY Recht hat, wenn er beide als Varietäten einer Art vereinigt.

CUMING hat diese Art von Mindoro und Negros, SEMPER von Sinalisayan bei Burias.

16. Cyclophorus cruentus Martens.

Testa aperte et mediocriter umbilicata, globoso-turbinata, solida, oblique et spira-liter striata, costisque 8—9 spiralibus, inferioribus confertioribus et minoribus sculpta, fusca; spira turbinata, vertice minuto; anfractus 5 convexi, ultimus prope suturam sub-planatus, basi parum convexus; apertura obliqua, subcircularis, intus sanguinea; peristoma subexpansum fusco-sanguineum, breviter adnatum, antrorsum incrassato-productum, con-centrice striatum, latere sinistro subreflexum. — Operculum? — (PFR.).

Diam. maj. 24, min. 20, alt. 17 mm.

Cyclophorus cruentus VON MARTENS, in: Ann. Mag. Nat. Hist. 1865, (3) XVI, pag. 429. — PFEIFFER, Monographia Pneumonopom. Suppl. III, pag. 106, Nr. 65. — Novitates Concholog. Vol. II, pag. 279, Tab. 68, Fig. 17.

Gehäuse offen und mittelweit genabelt, kuglig-kreiselförmig, festschalig, schräg und spiral fein gerieft und mit 8—9 Spiralrippen, von denen die unteren dichter stehen und etwas schwächer sind als die oberen, besetzt, einfarbig braun. Gewinde kreiselförmig, mit feinem Apex. Umgänge fünf, eckig gewölbt, der letzte bei der Naht ziemlich platt, unterseits schwach convex. Mündung wenig gegen die Axe geneigt, fast kreisrund, innen blutroth. Mundsaum bräunlich blutroth, etwas ausgebreitet, nach vorn verdickt vorgezogen, concentrisch gerieft, an der linken Seite etwas zurückgeschlagen, oben kurz am anliegen-den Umgang angewachsen. Deckel unbekannt.

Diese unter SEMPER's Ausbeute nicht befindliche Art wurde von Herrn F. JAGOR zu Loquilocun auf der Insel Samar gesammelt.

17. Cyclophorus Thersites Shuttleworth.

Testa anguste umbilicata, depresso-turbinata, gibba, tenuiuscula, acute carinata, oblique striatula, superne lineis 3—4 remotis elevatioribus circumdata, albida, flammulis angulatim flexuosis fusco-rufis, vel fusco-rufa. flammulis albis fulgurata: spira conica. acuta, apice fusco-purpurea. Anfractus 4½ convexiusculi, ultimus antice leviter et sensim descendens, dorso imprimis gibbus, deinde applanatus, versus aperturam rotundatus. Apertura subcircularis, intus caerulescens; peristoma album, duplex: internum connexum, appressum, externum breviter expansum, reflexinsculum, margine superiore subdilatato adscendente, columellari reflexo breviter dilatato-producto, umbilicum semioccultante. — Operculum? — SHUTTLEWORTH.

Diam. maj. 26, ad gibbositatem 23, alt. 20 mm. — Apert. 12,5 mm. alta.

Cyclostoma Thersites SHUTTLEWORTH, Mitth. naturf. Ges. Bern, 1852, pag. 299. — Diagnosen neuer Mollusken Nr. 3 pag. 39.

Cyclophorus Thersites PFEIFFER, Malakozool. Bl. 1854, pag. 83. — ADAMS, Genera II. pag. 280. — PFEIFFER. Monogr. Pneumonopom. II, pag. 56.

Diese Art, welche VERREAUX ohne nähere Angabe von den Philippinen erhielt, soll nach dem Autor dem C. tigrinus am nächsten stehen und sich besonders durch die Gibbosität des letzten Umganges auszeichnen. Sie ist meines Wissens nicht wiedergefunden worden und vielleicht auf ein abnormes Exemplar gegründet.

18. Cyclophorus picturatus Pfeiffer.

Testa umbilicata, turbinato-depressa, solida, sublaevigata, albida, strigis et flammis reticulatis castaneis picta, spira breviter conoidea, obtusa: anfractus 4½ mediocre convexi, ultimus superne costis nonnullis obtusis spiralibus munitus, infra peripheriam rotundatam fascia serrata ornatus, circa umbilicum mediocrem, profundum albus. Apertura parum obliqua, subcircularis: peristoma subsimplex, crassum, longe protractum, continuum, breviter adnatum, margine sinistro dilatato, patente. — L. PFR.

Diam. maj. 29, min. 23, alt. 16 mm: apertura intus 14 mm longa.

Cyclostoma picturatum PFEIFFER, Proc. Zool. Soc. 1851, pag. 62. — MARTINI-CHEMNITZ, ed. II. pag. 347. Tab. 45, Fig. 13. 14.

Cyclophorus picturatus PFEIFFER. Monogr. Pneumonopom. I, pag. 61. Nr. 101. — REEVE. Conch. Icon. sp. 22.

Gehäuse genabelt, kreiselförmig niedergedrückt, festschalig, ziemlich glatt, weisslich, sehr zierlich mit kastanienbraunen netzartigen Striemen und Flammen gezeichnet. Gewinde niedrig kegelförmig mit bräunlichem stumpfem Wirbel. Umgänge 4½, mässig gewölbt, der letzte oberseits mit einigen stumpfen Spiralreifen besetzt, unterhalb der gerundeten Peripherie mit einer zackigen, sägezahnartigen Binde geziert, um den mittelweiten tiefen Nabel weiss. Mündung wenig schräg gegen die Axe, ziemlich kreisrund, innen weiss. Mundsaum dick, geradeaus, lang vorgestreckt, weiss, zusammenhängend, kurz angewachsen, der linke Rand etwas verbreitert, abstehend.

19. Cyclophorus parvus Sowerby.

Testa umbilicata, depresso-turbinata, tenuiuscula, striatula, obsolete 1—5 carinata, fulvescenti-albida, fusco radiatim strigata; spira turbinata, apice acutiuscula, cornea; anfractus 5—6 convexi, ultimus subdepressus, circa umbilicum infundibuliformem plerumque carina distinctiore munitus; apertura obliqua, subcircularis: peristoma subsimplex. rectum, marginibus callo brevi, submarginato junctis, dextro antrorsum arcuato, prominente. — L. Pfr. — Operculum corneum, crassum teste Sow.

Diam. maj. 9. min. 7½, alt. 5½ mm, apertura 1½ mm.

Var. minor, fusca: diam. maj. 5, min. 4½, alt. 4 mm.

Cyclostoma parvum Sowerby, Proc. Zool. Soc. 1843, pag. 66. — Thesaurus Conchyl. pag. 101, Tab. 31. Fig. 254, 255. — Pfeiffer, in: Martini-Chemnitz, ed. II, pag. 100. Tab. 13, Fig. 15, 16.

Cyclophorus parvus Gray, Catalog Cycloph. pag. 23, Nr. 37. — Pfeiffer, Mon. Pneumonopom. I, pag. 85. — Reeve, Conch. Icon. sp. 95.

Hab. in insulis Zebu et Panay (Cuming).

Durch den trichterförmigen, weiten, von einer Kante umgebenen Nabel leicht kenntlich, aber unter Semper's Ausbeute nicht vertreten.

20. Cyclophorus Guimarasensis Sowerby.

Testa umbilicata, subgloboso-conoidea, tenuiuscula, substriata, castanea, luteo maculata et ad suturam articulata; spira brevi, acutiuscula; anfractus 5 convexi, ultimus superne costis nonnullis obtusis angulatus, ad peripheriam carinatus, basi convexus, unicolor, saturate brunneus; umbilicus angustus, vix pervius. Apertura subcircularis, intus submargaritacea; peristoma tenuiusculum, intus album, breviter expansum, marginibus approximatis, columellari perarcuato, subreflexo.

Diam. maj. 16, alt. 12 mm.

Cyclostoma Guimarasense Sowerby, Thesaurus Conch. pag. 131. Tab. 31, Fig. 274, 275.
- - Pfeiffer, in: Martini-Chemnitz, ed. II, pag. 99, Tab. 12, Fig. 8, 9.
Leptopoma Guimarasense Pfeiffer, in: Zeitschr. für Malakozool. 1847, pag. 109.
Cyclophorus Guimarasensis Pfeiffer, Monogr. Pneumonopomor. I, pag. 75.

Diese hübsche Art, die Cuming auf Guimaras sammelte, ist in Semper's Ausbeute nicht vertreten.

Cyclophorus aquila Sowerby.

Diese hübsche Art ist aus Versehen hier mit abgebildet worden, da CUMING dem SENCKENBERG'schen Museum ein Exemplar mit der Fundortsbezeichnung Philippinen gegeben hatte. Sie stammt von Singapore und fehlt auf den Philippinen.

Gattung Leptopoma Pfeiffer.

Testa globuloidea vel conica, tenuis, translucens, plerumque albida, fusco varie picta, anguste umbilicata vel perforata, peristomate plerumque reflexo. Operculum tenue, corneum, planum, multispiratum.

Die Abtrennung dieser Gattung von Cyclophorus ist einmal hergebracht und ich behalte sie darum bei, obschon ich sie kaum als berechtigt anerkennen kann, wenn nicht etwa die Lebensweise einen durchgehenden Unterschied von Cyclophorus aufweist; sie müsste übrigens immerhin als Untergattung beibehalten werden, wenn auch nach Ausscheidung von L. acutimarginatum, das entschieden besser neben Cyclophorus lingulatus steht.

Die Leptopomen haben ihr Verbreitungscentrum auf den Philippinen; von circa 70 sicher bekannten Arten kommen 27 dort vor, sie strahlen aber von dort nach allen Richtungen aus. Vom Festland von Hinterindien sind 8 Arten bekannt, 3 gehen nördlich bis Hainan; von Borneo sind gegenwärtig 7 Arten bekannt, von Java 4, von Celebes 3, von Sumatra nur eine. Das Festland von Vorderindien erreicht die Gattung nicht, wohl aber sind zwei Arten von Ceylon bekannt und 2—3 von den Nicobaren; eine ist sogar bis zu den Seychellen westlich vorgedrungen und steht seltsam isolirt in der maskarenischen Fauna, wenn wir nicht in der madagassischen Euptychia eine nahe Verwandte sehen wollen. — Nach Osten hin finden wir Leptopomen fast auf jeder papuanischen Inselgruppe bis nach Neu-Irland, den Admiralitäts- und Salomons-inseln. Neuguinea hat mit seinen Nachbarinseln bis jetzt erst etwa ein halbes Dutzend Arten geliefert, wird sich aber bei genauerer Erforschung als erheblich reicher daran herausstellen.

Ueber die Verbreitung der einzelnen Arten lässt sich bestimmtes bei der noch so ungenügenden Durchforschung ihres Verbreitungsbezirkes noch nicht sagen; doch kann es keinem Zweifel unterliegen, dass viele Arten eine Ausnahme von dem sonst bei den Land-deckelschnecken geltenden Gesetze machen und über grosse Landstrecken verbreitet sind. Es lässt sich das ungezwungen dadurch erklären, dass viele oder alle baumbewohnende Laubschnecken sind und also mit schwimmenden Bäumen durch die Strömung von Insel zu Insel getragen werden können.

1. Leptopoma manhauense n.

Tafel 5 Fig. 1. 2.

Testa obtecte perforata, trochiformis, solidula sed haud crassa, subtranslucens, albida vel griseo-albida; spira exserta, exacte conica, apice acuto. Anfractus 6 vix convexiusculi, striis obliquis fere costuliformibus distantibus sculpti, striis spiralibus subtilissimis undulatis lirisque fortioribus distinctis granulato-decussati, ultimus acute angulatus et carina compressa acuta cingulatus, basi planatus, circa umbilicum tantum leviter gibboso-inflatus, antice haud descendens; sutura simplex, impressa. Apertura obliqua, irregulariter ovata, parum excisa, intus albida; peristoma undique reflexum, marginibus approximatis, vix callo tenuissimo junctis, columellari sinuato, in umbilicum impresso eumque fere omnino obtegente.

Diam. maj. 24, min. 19, alt. 23 mm.

Gehäuse bedeckt durchbohrt, trochusförmig, etwas schief, ziemlich festschalig, aber nicht dick, ziemlich durchscheinend, einfarbig weisslich oder grauweiss mit bläulichem Schein an den Stellen, wo Thierreste durchscheinen: das Gewinde ist ziemlich hoch, genau kegelförmig, mit spitzem Apex. Es sind reichlich 6 Umgänge vorhanden, die oberen sind an dem vorliegenden Exemplare abgerieben und glatt, auch sie sind kaum gewölbt, die unteren noch weniger; die Skulptur besteht aus schräg nach hinten gebogenen rippenförmigen, ziemlich weitläufigen Anwachsstreifen; zwischen denselben sind sehr feine, dichtstehende, leicht gewellte Spirallinien, die aber nicht über sie hinweg zu laufen scheinen, und ausserdem sind starke, regelmässig angeordnete, entfernt stehende Spiralreifen sowohl oberhalb als unterhalb des Kiels vorhanden; bei dem abgebildeten Exemplare oberhalb fünf. Der letzte Umgang, der an der Mündung durchaus nicht herabsteigt, ist zu einer scharfen Kante zusammengedrückt, auf welcher ein scharfer, von beiden Seiten her zusammengedrückter Kiel sitzt; die Unterseite ist flach, nur um den Nabel herum etwas höckerartig aufgetrieben. Die Naht ist einfach, etwas eingedrückt. Die Mündung ist unregelmässig eiförmig, wenig ausgeschnitten, schräg, innen weisslich, der Mundrand allenthalben, oben und aussen sehr breit, umgeschlagen, die Ränder genähert, aber kaum durch einen ganz dünnen Callus auf der Mündungswand verbunden; der Spindelrand ist gebuchtet und in den Nabel hineingedrückt, so dass er ihn bis auf eine enge Ritze schliesst.

Diese schöne Form steht dem Leptopoma helicoides Grat. am nächsten, ist aber schon viel reiner trochusförmig, viel schärfer zusammengedrückt, die Mundbildung eine andere und der Nabel viel mehr geschlossen. Auch zeigt keins der zahlreich vorliegenden Exemplare von Leptopoma helicoides eine ähnliche Skulpturentwicklung.

Es liegt mir nur ein Exemplar vor, bei Mauhau auf Luzon von SEMPER gesammelt.

33

2. Leptopoma pyramis n.

Taf. 5 Fig. 3—5.

Testa obtecte perforata, pyramidato-trochiformis, solidula, sed haud crassa, translucens, alba: spira exserta, conica, apice acuto. Anfractus 6—7 vix convexiusculi, lente accrescentes, sutura distincta regulari discreti, subtilissime oblique striati et liris subundulatis spiralibus sub vitro fortiore tantum conspicuis granulati, liris nonnullis fortioribus distantibus regulariter dispositis. Anfractus ultimus acutissime angulatus et carina compressa cinctus, basi planatus, medio tantum leviter convexiusculus, circa umbilicum haud gibbus, antice haud descendens, sed ad aperturam supra leviter impressus. Apertura valde obliqua, ovato-triangularis, extus acuminata, alba: peristoma duplex: internum super parietem continuum, filiformi incrassatum, externum super angulum protractum, ad insertionem leviter auriculatum, dein impressum, basale leviter reflexum, ad insertionem leviter dilatatum, perforationem fere omnino tegens.

Diam. maj. 21. min. 18. alt. 18 mm.
— — 19. — 17. — 17 mm.

Gehäuse bedeckt durchbohrt, pyramidal-kreiselförmig, festschalig, doch dünn, durchscheinend, weiss: frische Exemplare seidenglänzend: Gewinde hoch, kegelförmig, mit spitzem Apex. Es sind beinahe sieben leicht gewölbte Umgänge vorhanden, die langsam und regelmässig zunehmen und durch eine deutliche, etwas eingedrückte, regelmässige Naht geschieden werden: sie erscheinen dem blossen Auge fast glatt, einige undeutliche, entferntstehende, aber regelmässig angeordnete Spiralreifen ausgenommen, die nur bei schräger Beleuchtung deutlich erkennbar sind: mit der Loupe erkennt man feine schräge Anwachsstreifen und mit einer stärkeren Loupe erscheint die ganze Oberfläche durch feine, gedrängte, etwas gewellte Spiralreifen äusserst fein gekörnelt. Der letzte Umgang ist zu einer ganz scharfen Kante zusammengedrückt, auf welcher ein scharfer lamellenartiger Kiel steht: die Unterseite ist nächst dem Kiel flach, in der Mitte leicht gewölbt, nach dem Nabel hin nicht aufgetrieben: der Umgang steigt vornen nicht herab, ist aber unter der Naht an der Mündung leicht eingedrückt. Die Mündung ist sehr schief, dreieckig eiförmig, aussen spitz, weiss. Der Mundrand ist deutlich doppelt, der innere zusammenhängend, zu einem fadenartigen Wulst verdickt, der äussere oberhalb der Kante breit vorgezogen, doch nur nach unten hin etwas zurückgeschlagen, dagegen oben an der Naht leicht ohrförmig gebogen und dann etwas eingedrückt, unterhalb scharf umgeschlagen, an der Insertion etwas verbreitert, so dass die Perforation bis auf einen unbedeutenden Ritz verdeckt ist; ein ganz dünner Callus verbindet die Insertionen.

Es liegen mir fünf Exemplare dieser merkwürdigen Form vor, welche SEMPER am 1. Januar 1860 bei Malannami sammelte: sie stimmen in ihren Charakteren völlig überein, variiren aber etwas im Verhältniss der Breite zur Höhe und der Ausprägung der stärkeren Spiralreifen. Die Form lässt sich höchstens mit manchen Varietäten von Lept. goniostoma Sow. vergleichen, ist aber stets einfarbig und erheblich dickschaliger, auch die Spiralskulptur stets viel weniger ausgeprägt.

3. Leptopoma fibula Sowerby.

Taf. 5 Fig. 6—9.

Testa anguste et semiobtecte perforata, trochiformis, tenuis, striatula, oblique malleata, unicolor alba vel strigis fulminantibus corneis ornata; spira conica acuta. Anfractus 5—6 planiusculi, inferi liris spiralibus inaequalibus cincti, ultimus convexiusculus, angulatus, basi distinctius liratus et striatus. Apertura ampla, perobliqua, truncato-ovalis; peristoma undique expansum, marginibus conniventibus, callo tenui junctis, dextro strictiusculo, basali leviter arcuato, columellari subverticali, dilatato-reflexo. — Operculum tenue, membranaceum, arctispirum.

Diam. maj. 17,5, min. 14, alt. 18 mm.

Cyclostoma fibula Sowerby, Proc. Zoolog. Soc. 1843, pag. 62. — Thesaurus Conch. pag. 135, Tab. 30, Fig. 240—242. — Pfeiffer, in: Martini-Ccemnitz, ed. II, pag. 130, Tab. 15. Fig. 23, 24; Tab. 16, Fig. 4.

Leptopoma fibula Pfeiffer, Zeitschr. für Malakozool. 1847, pag. 109. — Monogr. Pneumonopom. I, pag. 113. — Reeve, Conchol. Icon. sp. 5.

Gehäuse eng und halbverdeckt durchbohrt, trochusförmig, dünnschalig, feingestreift und mit schräg gereihten hammerschlagartigen Gruben skulptirt, durchscheinend, weiss oder graubräunlich, bisweilen mit hornfarbenen Zickzackstriemen gezeichnet. Gewinde regelmässig kegelförmig mit feinem spitzen Wirbel. Die 5—6 Umgänge sind fast platt, die unteren mit einzelnen ungleichen erhobenen Spirallinien besetzt, der letzte oben etwas aufgetrieben, dann rechtwinklig kantig, die Unterseite mit einigen deutlicheren Spirallinien, auch mit deutlicherer Streifung, und um den Nabel herum etwas aufgetrieben. Mündung sehr schief, ziemlich gross, von unregelmässiger, abgestutzt eiförmiger Gestalt, innen glänzend weiss. Mundsaum überall ausgebreitet, die Ränder zusammenneigend, doch ziemlich entfernt bleibend und durch einen dünnen Callus verbunden; der Aussenrand fast gerade, der untere leicht gekrümmt, der Spindelrand kurz, fast vertikal, unter dem engen Nabelloch etwas verbreitert, anliegend. — Deckel hornig, dünn, enggewunden.

Neben der typischen, mit Pfeiffer's Diagnose völlig übereinstimmenden Form liegt mir von Tabayat in Nord-Luzon noch eine erheblich breitere vor, welche sich auch durch stärkere Spiralskulptur und durch einen wenigstens auf der ersten Hälfte des letzten Umgangs abgesetzten Kiel unterscheidet: ich bilde sie Fig. 8, 9 ab. Bei einem Exemplar ist auch der Nabel etwas weiter.

35

PFEIFFER nennt die Art von Luzon und der kleinen Nachbarinsel Polillo. In SEMPER's Sammlung liegt sie ausser von verschiedenen Punkten auf Luzon auch von Palawan und von Cagayan. Das Fig. 6, 7 abgebildete Exemplar stammt von Nopat-Atan, Fig. 8, 9 von Tabayat auf Luzon.

4. Leptopoma helicoides Grateloup.

Taf. 5 Fig. 10—14.

Testa perforata, trochiformis, tenuis, pellucida, albida unicolor vel lineolis fuscis ornata; spira conica, acuta. Anfractus 6 planiusculi, subtilissime oblique striatuli, superi laeves, inferi carinis 5—6 albis cincti, ultimus medio carina compressa munitus, utrinque convexiusculus, basi liris 4—5 elevatis cinctus, circa umbilicum laevigatus; umbilicus angustus, non pervius. Apertura subobliqua, subcircularis, intus alba; peristoma tenue, reflexo-expansum, marginibus disjunctis, callo nullo, columellari subsinuato. — Operculum tenue, corneum, arctispirum.

Diam. maj. 21.5, min. 18, alt. 20 mm.

Cyclostoma helicoides GRATELOUP, Actes Bordeaux XI, pag. 112, Tab. 3, Fig. 11. —
  PFEIFFER, in: MARTINI-CHEMNITZ, ed. II, pag. 129, Tab. 15, Fig. 25, 26;
  Tab. 16, Fig. 1—3.
Cyclostoma Stainforthii SOWERBY, Proc. Zool. Soc. 1842, pag. 82. — Thesaurus Conch.
  pag. 136, Tab. 29, Fig. 215, 216; Tab. 30, Fig. 217. — REEVE, Conchol.
  system. II, Tab. 183, Fig. 6.
Leptopoma helicoides PFEIFFER, Zeitschr. f. Malakozool. 1847, pag. 109. — Monogr. Pneu-
  monopom. I, pag. 110. — REEVE, Conch. Icon. sp. 11.

Gehäuse eng und nicht durchgehend genabelt, trochusförmig, dünnschalig, durchscheinend, weisslich, häufig mit gelblichen oder braunen Binden, bisweilen auch mit kastanienbraunen Zickzackstreifen; bei nicht sauber gereinigten Stücken schimmern die Thierreste bläulich durch und erscheinen nur die Spiralreifen weiss. Gewinde kegelförmig, spitz, mit sehr feinem Apex. Von den 5—6 Umgängen sind die oberen ziemlich schwach gewölbt, fein spiral gefurcht, die folgenden zeigen 5—6 vorspringende Reifen, der letzte hat in der Mitte einen scharfen zusammengedrückten Kiel und ist oben und unten ziemlich gewölbt; die Unterseite zeigt 4—5 Spiralreifen, um den Nabel herum ist sie glätter und etwas aufgetrieben. Die Mündung ist ziemlich schief, unregelmässig gerundet, innen perlmutterglänzend; ist eine äussere Zeichnung vorhanden, so schimmert sie durch. Der Mundsaum ist einfach, unterbrochen, weiss, dünn, scharf, rechtwinkelig abstehend, bisweilen etwas schwielig und am Rande wellig; der Spindelrand ist leicht ausgebuchtet und oft in der Mitte winkelig verbreitert. — Deckel hornig, dünn, enggewunden, die Windungsränder auf der Aussenseite vortretend.

Lept. helicoides scheint auf den Philippinen weit verbreitet. CUMING sammelte die Art auf Ticao, Masbate, Siquijor und Panay. In der SEMPER'schen Ausbeute liegt sie von Palapa auf Samar, von Alpaca auf Zebu, von Si-Aigar.

Lept. helicoides erscheint ziemlich veränderlich, namentlich was die Wölbung des letzten Umganges anbelangt: während er meistens von beiden Seiten her gleichmässig gegen die Kante zugeschärft ist, erscheint er bei dem Fig. 12 abgebildeten Exemplar von Mariguit vollständig aufgeblasen und nur die Kante ihm aufgesetzt. Auch die Stärke der Schale erscheint sehr wechselnd: das Fig. 13, 14 abgebildete Stück ist dünn und trotz der Verwitterung durchscheinend, die beiden anderen sind erheblich solider. Auffallend häufig erscheint der Mundsaum nicht einfach umgeschlagen, sondern doppelt.

Ich halte es durchaus nicht für unwahrscheinlich, dass bei genügendem Material einerseits Lept. Manhauense m., andererseits Lept. perplexum Sow. in den Formenkreis von Lept. helicoides fallen werden, sogar Zwischenformen nach Lept. pileus und fibula halte ich nicht für ausgeschlossen.

5. Leptopoma acuminatum Sowerby.

Taf. 5 Fig. 15.

Testa subobtecte perforata, turrito-conica, tenuiuscula, oblique striatula, diaphana, nitida, albicans; spira elongata, acuminata, apice fuscula: sutura distincta. Anfractus 6½, convexiusculi, leniter crescentes, ultimus supra convexus, infra medium carinatus, basi convexiusculus. Apertura perobliqua, truncato-ovalis; peristoma acutum undique expansum, marginibus disjunctis, callo parietali nullo, margine externo rectinsculo, columellari superne subdilatato, reflexiusculo, basi angulatim incrassato. — Operculum tenne, corneum, arctispirum.

Diam. maj. 15, min. 12, alt. 18 mm.

Cyclostoma acuminatum SOWERBY. Proc. Zool. Soc. 1843, pag. 65. — Thesaurus Conchyl. pag. 138, Tab. 30, Fig. 235. — PFEIFFER, in: MARTINI-CHEMNITZ, ed. II, pag. 105, Tab. 13, Fig. 11. 12.
Leptopoma acuminatum PFEIFFER, Zeitschr. für Malakozoolog. 1847, pag. 108. — Monogr. Pneumonopom. I. pag. 116. — REEVE, Conch. Icon. sp. 2.

Gehäuse fast bedeckt durchbohrt, gethürmt kegelförmig, ziemlich dünnschalig, fein schief gestreift, mitunter mit feinen entferntstehenden, nur unter der Loupe erkennbaren eingeritzten Spirallinien umzogen, durchscheinend, glänzend, einfarbig weisslich. Gewinde hochkegelförmig mit hornfarbigem, stumpflichem Wirbel und deutlicher, mitunter weiss bezeichneter Naht. Es sind über sechs Umgänge vorhanden; dieselben sind leicht gewölbt, der letzte ist gerundet, aber unter der Mitte ziemlich scharf gekielt, der Kiel mitunter abgesetzt. Die Mündung ist sehr schief, abgestutzt eiförmig oder unregelmässig gerundet, innen weisslich; der Mundrand ist scharf, zurückgeschlagen, bei noch nicht ganz fertigen Exemplaren mit einer weissen Lippe belegt, die später wieder undeutlich wird; die Ränder bleiben ziemlich entfernt und sind nur durch einen ganz dünnen Callus verbunden; der Aussenrand ragt weit über, ist ziemlich gerade und in der Mitte etwas vorgezogen, der Spindelrand ist nach oben etwas verbreitert und kurz unter dem Ansatz zurückgekrümmt, dann nach links etwas winkelig verbreitert. — Deckel normal.

CUMING entdeckte diese Art bei S. Juan auf Luzon. SEMPER sammelte sie in wenig variirenden Formen bei Digallorin, Mariquit, in der Cordillere von Ambukuk, bei Bali und auf Alabat bei Luzon. Das abgebildete Exemplar stammt von Mariquit.

6. Leptopoma Caroli Dohrn.

Taf. 5 Fig. 16—18.

Testa vix perforata, elevato-conica, solidiuscula, oblique striata, striis spiralibus confertissimis et liris minutis aequidistantibus sculpta, alabastrina; spira elevato-conica, acutiuscula. Anfractus 6½ convexiusculi, ultimus spira brevior, a medio liris destitutus, infra medium subobtuse carinatus, basi modice convexus. Apertura obliqua, truncato-ovalis; peristoma undique reflexum, marginibus distantibus, columellari angustiore, ad insertionem subdilatato.

Diam. maj. 13,5, min. 11, alt. 22 mm.

Leptopoma Caroli DOHRN. Proc. Zoolog. Soc. 1862. pag. 182. — PFEIFFER. Novitates Conch. Vol. II. pag. 231. Tab. 59. Fig. 18, 19. — Monogr. Pneumonopomor. III. pag. 85.

Gehäuse kaum durchbohrt, hoch kegelförmig, ziemlich festschalig, fein schräg gestreift, mit ganz feinen dichten Spirallinien und flachen wenig vorspringenden regelmässigen Leisten umzogen, alabasterweiss ohne Zeichnung. Gewinde hochkegelförmig, mit feinem spitzen Wirbel. Es sind über sechs Umgänge vorhanden: dieselben sind leicht gewölbt und nehmen regelmässig zu: der letzte ist kürzer als das Gewinde, unter der Mitte kantig mit einem undeutlichen Kiel, die Unterseite ohne Spiralreifen, mässig gewölbt, um den Nabel herum leicht gibbös. Die Mündung ist schräg, abgestutzt eiförmig, der Mundsaum allenthalben umgeschlagen. Der Spindelrand schmäler, als der äussere, nur oben leicht verbreitert.

Aufenthalt bei Palanan (Nord-Luzon), selten.

7. Leptopoma pilens Sowerby.

Taf. 5 Fig. 19—25.

Testa perforata, conica, tenuis, albida, interdum fusco pallidissime nubeculata; spira pyramidata, acuta: anfractus 6 planulati, ultimus acute carinatus, basi convexiusculus,

Apertura perobliqua, ovalis, ad carinam subangulata; peristoma breviter expansum, intus albo-callosum, marginibus disjunctis, columellari subdilatato, umbilicum angustum semitegente.

Diam. maj. 16, min. 14, alt. 16 mm.

Cyclostoma pileus SOWERBY, Proc. Zoolog. Soc. 1843, pag. 31. — Thesaurus Conchyl. pag. 136, Tab. 29, Fig. 196, 197. — PFEIFFER, in: MARTINI-CHEMNITZ, ed. II, pag. 18, Tab. 2, Fig. 2, 3.
Leptopoma pileus PFEIFFER, Monogr. Pneumonopom. I, pag. 114. — REEVE, Conch. Icon. sp. 22.

Gehäuse durchbohrt kegelförmig. dünnschalig, weisslich. bisweilen mit blassbraunen Nebelflecken und einer undeutlichen Binde unter dem Kiel, sehr fein schräg gestreift und unter der Loupe mit ganz feinen dicht gedrängten Spirallinien umzogen, mitunter auch mit kreideweissen Bändern. Gewinde kegelförmig mit spitzem Wirbel. Die sechs Umgänge sind flach oder leicht gewölbt, durch eine seichte, aber oft weiss bezeichnete Naht geschieden, der letzte ist scharf gekielt, unterseits flach gewölbt. Die Mündung ist sehr schief, abgestutzt eiförmig. nach aussen eckig; der Mundsaum ist nicht zusammenhängend, die Ränder durch einen ganz dünnen Callus verbunden. der rechte ziemlich kurz ausgebreitet. fast gerade, der untere ziemlich stark gekrümmt, zurückgeschlagen, der Spindelrand an der Insertion etwas verbreitert und den Nabel zur Hälfte verbergend.

CUMING fand diese Art in der Provinz Ilocos auf Luzon, SEMPER nur ein Exemplar in den Bergen von Vigan (Taf. 22, 23).

In der SENCKENBERG'schen Sammlung liegt, von CUMING herrührend, ein Exemplar als pileus, das mit dem Typus ganz übereinstimmt, aber hinter dem Mundsaum eine breite schwarzbraune Strieme hat, wie L. trochus Dohrn. Ich bilde es Taf. 7 Fig. 15, 16 ab, wage es aber auf dieses eine Kennzeichen hin nicht abzutrennen.

Eine eigenthümlich abweichende Form liegt noch in SEMPER's Ausbeute, leider ohne bestimmten Fundort. nur mit Antonio Nr. 19 bezeichnet, vermuthlich aus Nord-Luzon. Sie ist ganz auffallend schlanker. bei 16 mm Durchmesser 19 mm hoch, die Spirallinien in Folge der Verwitterung kaum mehr erkennbar, die Wölbung der Umgänge viel geringer, der letzte Umgang namentlich viel schärfer zusammengedrückt, mit beiderseits zusammengedrücktem, scharfen Kiel, die Unterseite viel weniger gewölbt, auch die Mündung darum mehr zusammengedrückt und mit einem scharfen Winkel am Aussenrand und einer tiefen Furche im Gaumen. Wahrscheinlich wird diese Form sich später als gute Art abtrennen lassen, einstweilen mag sie als var. Antonii bei pileus bleiben; sie ist Fig. 19—21 abgebildet.

8. Leptopoma perplexum Sowerby.

Taf. 5 Fig. 24—27.

Testa anguste umbilicata, conoidea, tenuiuscula, sub lente subtilissime reticulata, carinis subaequidistantibus, obsoletis subangulosa, nitidula, albida, unicolor vel fasciis et maculis lutescentibus variegata; spira brevis, conoidea, acuta. Anfractus 5½ convexiusculi, ultimus subangulatus, basi planior. Apertura obliqua, truncato-ovalis, intus nitida, alba; peristoma calloso-incrassatum, expansum, marginibus callo crassiusculo recto junctis, columellari medio dilatato, reflexiusculo. — L. Pfr.

Diam. maj. 18, min. 15, alt. 15,5 mm.

Cyclostoma perplexum Sowerby, Proc. Zool. Soc. 1843, pag. 63. — Thesaurus Conchyl. pag. 136, Tab. 30, Fig. 243. 244. — Pfeiffer, in: Martini-Chemnitz, ed. II. pag. 130, Tab. 16, Fig. 11. 12.

Leptopoma perplexum Pfeiffer, Zeitschr. für Malakozool. 1847, pag. 109. — Monogr. Pneumonopom. I, pag. 109. — Reeve, Conch. Icon. sp. 16.

Gehäuse eng und etwas überdeckt genabelt, gedrückt kegelförmig, ziemlich festschalig, durchscheinend, unter der Loupe mit feinen Streifen und eingedrückten, leicht welligen Spirallinien sehr fein gegittert, von undeutlichen Spiralreifen in ziemlich gleichen Abständen umzogen, glänzend, einfarbig weiss oder mit gelblichen undeutlichen Binden und Zeichnungen, oft mit je einer gelblichen Binde über und unter der Peripherie. Das Gewinde ist kurz kegelförmig mit spitzem Apex. Die 5½ Umgänge sind gewölbt, der letzte ist mehr oder minder kantig, meist deutlich gekielt, unterseits flacher, mitunter um den Nabel mit einer Art Kante. Die Mündung ist sehr schief, abgestutzt eiförmig, innen glänzend, weiss. Der Mundsaum ist schwielig verdickt, mitunter deutlich doppelt, ausgebreitet, die getrennten Ränder sind durch einen starken, aber schmalen geraden Callus verbunden, der Spindelrand ist in der Mitte nach hinten verbreitert und etwas zurückgeschlagen.

Aufenthalt auf Luzon, von Cuming bei Albulug entdeckt. Semper sammelte sie bei Taquagareo.

9. Leptopoma goniostoma Sowerby.

Taf. 5 Fig. 28—32.

Testa anguste perforata, conoidea, tenuis, pellucida, sub lente fortiore tantum subtilissime striata, lineis albis nonnullis vix elevatis spiraliter cincta, pallide cornea, fusco varie strigata et tessellata; spira conoidea, acutiuscula. Anfractus 6 vix convexiusculi, ultimus acute carinatus, basi vix convexior. Apertura obliqua subtriangulari-ovalis, intus submargaritacea; peristoma tenue, breviter expansum, marginibus disjunctis, dextro subrecto, medio producto, columellari breviter dilatato, umbilicum angustissimum non tegente.

basali arcuato. — Operculum planum, membranaceum, pellucidum, corneum; anfractibus
8 subaequalibus, extus margine subelevatis.

Diam. maj. 17, min. 15, alt. 15 mm.

Cyclostoma goniostoma SOWERBY, Proceed. Zoolog. Soc. 1843. pag. 64. — REEVE, Conch.
System. Vol. II, Tab. 183, Fig. 3. — SOWERBY, Thesaurus Conch. pag. 137,
Tab. 50, Fig. 233, 234. — MARTINI-CHEMNITZ, ed. II, pag. 18, Tab. 2, Fig. 5—7;
Tab. 16, Fig. 5.

Leptopoma goniostoma PFEIFFER. Monogr. Pneumonopom. I, pag. 114. — REEVE. Conch.
Icon. sp. 1.

Gehäuse eng durchbohrt, ziemlich breit kegelförmig, dünnschalig, durchscheinend,
glatt, nur unter der Loupe ganz fein gestreift, mit einigen durch ihre weisse Färbung
kielartig erscheinenden, aber in Wirklichkeit kaum vorspringenden Spirallinien verziert,
blass hornfarben, selten einfarbig, meistens in sehr verschiedener Weise mit braunen Striemen und Flecken gezeichnet. Das Gewinde ist kegelförmig und läuft spitz zu. Die sechs
Umgänge sind nur wenig gewölbt, die drei oberen ganz glatt, der letzte ist scharf gekielt,
unterseits auch nur ganz wenig gewölbt. Die Mündung ist sehr schräg, innen schwach
perlmutterglänzend, unregelmässig dreieckig-eiförmig; der Mundsaum ist einfach, dünn,
überall kurz ausgebreitet, die zusammenneigenden Ränder werden nicht durch Callus verbunden, der rechte ist nach vorn bogig vorgezogen, der Basalrand bogig, der Spindelrand etwas verbreitert, abstehend, den sehr engen Nabel nicht deckend. — Deckel sehr
dünn, hautartig, durchsichtig, horngelblich, flach, mit 8 ziemlich gleichen Windungen,
deren Ränder aussen etwas hervorstehen.

Aufenthalt auf Mindanao, zuerst bei Cagayan in der Provinz Misamis von CUMING
entdeckt. SEMPER sammelte sie bei Bislig auf derselben Insel, ferner bei Cianga und
Hinatuan; eine sehr hübsch gezeichnete Form bei S. Juan de Bislig.

Von der Veränderlichkeit dieser Art geben die Abbildungen einige Proben.

10. Leptopoma perlucidum Grateloup.

Taf. 6 Fig. 1—12.

Testa subobtecte perforata, globoso-conica, tenuis, spiraliter sub lente confertissime
striata, lineisque incrementi tenuibus sculpta, carneo-albida, lineis fasciolisque virenti-fuscis
elegantissime varie picta, rarissime fere unicolor; spira turbinata, acuta; anfractus 5 convexi, primi leniter accrescentes, ultimus ventrosus, ad aperturam dilatatus; apertura parum
obliqua, subcircularis, intus fulvescens, lineis translucentibus; peristoma album, tenue,
late expansum, marginibus approximatis, haud vel callo tenuissimo vix junctis, columellari strictiusculo, subflexuoso, vix dilatato, perforationem semioccultante. — Operculum
membranaceum, corneum, anfractibus 7, exterioribus vix crescentibus.

Diam. maj. 15, alt. 14, diam. apert. obl. cum perist. 9 : 9,5 mm.

Cyclostoma perlucida GRATELOUP, Actes Bordeaux XI. pag. 442. Tab. 3, Fig. 13.
Cyclostoma perlucidum PFEIFFER[1]) in: MARTINI-CHEMNITZ, ed. II, pag. 19, Tab. 2, Fig. 8—10;
    Tab. 16, Fig. 8.
? Cyclostoma multilineata JAY, Catalog 1839, pag. 123, Tab. 7. Fig. 12, 13.
Cyclostoma concinnum SOWERBY, Proc. Zool. Soc. 1843, pag. 61. — DELESSERT, Recueil
    Coq. Lam. Tab. 38. Fig. 11. — SOWERBY, Thesaurus, pag. 134, Tab. 29,
    Fig. 223, 224.
Leptopoma pellucidum PFEIFFER, Monogr. Pneumonopom. Vol. I, pag. 103.

Gehäuse fast bedeckt durchbohrt, kuglig kegelförmig, dünnschalig, unter der Loupe
ganz fein und dicht spiral gestreift, mit feinen, ziemlich entferntstehenden Anwachsstreifen,
weisslich oder schmutzig fleischfarben, sehr selten einfarbig, meistens mit bräunlich-grünen
Linien und schmalen Binden in sehr verschiedener Anordnung gezeichnet; meistens sind
auf dem letzten Umgang 9 Binden ziemlich gleichmässig vertheilt, mit je einem breiteren
freien Zwischenraum an der Naht und um den Nabel herum; doch liegen mir auch Exemplare vor, bei denen einzelne Binden fehlen (Fig. 2, 3), und eins, bei dem sie in striemen-
artiger Anordnung dunkel gefleckt sind (Fig. 4). Das Gewinde ist hoch kreiselförmig mit
spitzem, feinen Apex. Die fünf Umgänge sind gewölbt, die oberen nehmen regelmässig
zu, der letzte ist aufgeblasen, nach der Mündung hin erweitert, die Mündung selbst fast
kreisrund, nur am Spindelrand etwas abgeschnitten, nur wenig schief; Mundsaum weiss,
dünn, im rechten Winkel breit abstehend; die Randinsertionen sind einander genähert,
aber nicht oder kaum verbunden; der Spindelrand ist fast gerade, kaum ausgebreitet,
leicht nach hinten gebogen. Den Gaumen nennt PFEIFFER glänzend bräunlichgelb, bei
meinen Exemplaren kann ich diese Färbung nur ausnahmsweise angedeutet finden. Auch
der Deckel ist meistens dunkler gefärbt, als PFEIFFER angibt.

Leptopoma pellucidum scheint auf den Philippinen weit verbreitet und ziemlich
häufig. CUMING sammelte es auf Bohol, Mindanao und Camiguing. In SEMPER's Ausbeute
ist sie, zum Theil in grösseren Serien, von Malimona, Jibon und Camiguan auf Mindanao,
von der Sierra Bullones auf Bohol, von Panaon auf Pintajan (Fig. 2), von Li Anga (Fig. 3),
Li Argao (Fig. 4), Taganita und der Daba von Tabuntug.

Der Verbreitung entsprechend ist auch die Veränderlichkeit dieser hübschen Art.
Die Fig. 6—8 abgebildete Form ist nicht nur durch die rein milchweisse Färbung ausgezeichnet, sondern unterscheidet sich auch anderweitig genügend, um als var. lacteum
unterschieden zu werden; die Mündung ist erheblich grösser, und ganz besonders der
Spindelrand sehr erheblich stärker gebogen und in seiner Mitte so tief ausgeschnitten,

1) C. testa perforata, globoso-conica, tenui, concentrice confertissime striata, carneo-albida, lineis virenti-fuscis eleganter circumdata; spira turbinata, acuta; anfr. 5 convexis, ultimo ventroso; apertura vix obliqua, subcirculari, intus fulves-
cente; perist. albo, tenui, late expanso, marginibus disjunctis, columellari vix dilatato, umbilicum angustum semioccultante. —
Operculum membranaceum, pallide corneum, anfr. 7, exterioribus subaequalibus. — L. PFR.

dass er beinahe unterbrochen erscheint. SEMPER sammelte diese schöne Form in mehreren ganz gleichen Exemplaren bei Limansaua.

Das Fig. 9 abgebildete Exemplar könnte man vielleicht für die dreibindige Form von L. bicolor nehmen, von dem es sich nur durch die bedeutenderen Dimensionen und den Mangel der stärkeren Spiralleisten unterscheidet; es liegt mir aber noch eine andere kleinere etwas abweichende Form vor, welche ich später besprechen werde und welche vielleicht von L. perlucidum verschieden ist.

Bei den beiden Fig. 10—12 abgebildeten Stücken von Bislig auf Mindanao tritt die Bindenzeichnung erheblich gegen die Striemen zurück, namentlich bei dem Fig. 12 abgebildeten Exemplare, während das andere wenigstens auf dem letzten Umgang noch eine Anzahl scharf begrenzter Binden zeigt.

Fig. 17, 18 auf der Tafel auch als perlucidum var. bezeichnet, gehört offenbar nicht hierher, sondern eher zu helicinum.

11. Leptopoma dubium n.

Taf. 6 Fig. 13. 14.

Testa subobtecte perforata, globoso-conica, tenuis sed solida, spiraliter subtilissime lineata striisque incrementi tenuibus sculpta, carnea, lineis fuscis fulguratis ubique ornata; spira acuta, exserta. Anfractus 6 convexi, sutura distincta discreti, regulariter crescentes, ultimus inflatus, ad aperturam campanulatus, haud descendens. Apertura parum obliqua, rosacea, peristoma subcontinuum, ad modum campanulae dilatatum et protractum, sed vix reflexum, marginibus valde approximatis, callo distincto subcontinuis, columellari flexuoso, super perforationem leviter dilatato.

Diam. maj. 18, min. 14,5, alt. 18 mm.

Leptopoma dubium KOBELT, in: Nachr.-Bl. der Deutsch. Malacozool. Ges. 1886. pag. 52.

Gehäuse fast bedeckt durchbohrt, kugelförmig-kegelig, dünnschalig aber fest, mit äusserst feinen Spirallinien und feinen Wachsthumsstreifen skulptirt, fleischfarben, dicht mit feinen rothbraunen Zickzackstriemen gezeichnet, nach der Mündung und dem Nabel hin blässer und ohne Zeichnung. Gewinde erhoben, spitz. Die sechs Umgänge sind gut gewölbt und werden durch eine deutliche Naht geschieden; sie nehmen regelmässig zu, der letzte ist aufgeblasen und an der Mündung glockenförmig erweitert; er steigt vornen nicht herab. Die Mündung ist nur wenig schräg, innen lebhaft rosa, der Mundsaum fast zusammenhängend, glockenförmig erweitert und vorgezogen, aber kaum zurückgeschlagen. Die Randinsertionen sind sehr genähert und werden durch einen deutlichen Callus verbunden; der Spindelrand ist stark gebogen und etwas über die Perforation verbreitert.

Nur ein Exemplar, an der Daba von Tabuntug von Prof. SEMPER gesammelt.

Ein einziges Exemplar, das sich aber unmöglich mit L. perlucidum vereinigen lässt; der Nabel ist erheblich weiter, die Mündungsbildung eine andere, und keins meiner zahlreichen Exemplare von perlucidum zeigt auch nur eine Andeutung einer ähnlichen Zeichnung.

12. Leptopoma Pfeifferi Dohrn.

Taf. 6 Fig. 15, 16.

Testa perforata, turbinato-conica, tenuiuscula, subtiliter striata, alba, strigis irregularibus coerulescenti-corneis ornata; spira conica, acutiuscula. Anfractus 6 convexiusculi, ultimus inflatior, medio obtuse angulatus, circa umbilicum subgibbus. Apertura obliqua, ovali-rotundata; peristoma undique expansum, marginibus callo tenuissimo junctis, supero ad insertionem producto, basali arcuato, cum columellari sinuato angulum formante.
Diam. maj. 18, min. 14, alt. 18 mm.

Leptopoma Pfeifferi Dohrn, Proc. Zoolog. Soc. 1862, pag. 182. — Pfeiffer, Monogr. Pneumonopom. III. pag. 85.

Gehäuse durchbohrt, kegelförmig-kreiselförmig, ziemlich dünnschalig, fein gestreift, weisslich, mit unregelmässigen bläulich hornfarbenen Striemen und Spirallinien gezeichnet. Gewinde kegelförmig und ziemlich spitz. Die sechs Umgänge sind ziemlich gewölbt, der letzte aufgeblasener, stumpfkantig, mit einer undeutlichen, steil abfallenden Auftreibung um den Nabel. Die Mündung ist durch den oben weit vorgezogenen Aussenrand schräg, unregelmässig gerundet eiförmig, der weisse Mundrand ist überall ausgebreitet, nicht zusammenhängend, die Ränder sind nur durch einen dünnen Callus verbunden; der Basalrand ist gebogen und bildet mit dem nach hinten ausgebogenen Spindelrand einen Winkel. — Deckel normal.

Nur ein Exemplar, auf Caminguin gesammelt, auch Dohrn's Original. Wenn Dohrn nur 14 mm Höhe angibt, muss er vom Nabel aus gemessen haben oder es liegt ein Schreibfehler vor.

13. Leptopoma bipartitum n.

Taf. 6 Fig. 19-23.

Testa perforata, depresse globoso-conica, tenuis sed solidula, pellucida, sub lente fortiore subtilissime striatula, lineisque incrementi sculpta, alba, supra peripheriam anfractus ultimi tantum fasciis castaneis varie ornata; spira conica, apice acuto. Anfractus 5 convexi, regulariter crescentes, ultimus ad peripheriam obtuse angulatus, basi regulariter convexus; sutura distincta. Apertura obliqua, subcircularis, alba, fasciis translucentibus; peristoma haud continuum, late reflexum, intus albolabiatum, marginibus approximatis, columellari exciso, cum basali angulum formante, perforationem haud obtegente.
Diam. maj. 14, min. 11, alt. 13 mm.

6*

Leptopoma bipartitum Kobelt. in: Nachr.-Bl. der D. Malacol. Ges. 1886, pag. 52.

Gehäuse durchbohrt, gedrückt kegelförmig-kugelig, dünnschalig doch ziemlich fest, durchscheinend, nur bei stärkerer Vergrösserung ganz feine Spirallinien und schwache Anwachsstreifen erkennen lassend, weiss, über der Mittellinie des letzten Umganges mit scharf ausgeprägten kastanienbraunen Binden in verschiedener Weise gezeichnet, oft auch auf der Oberseite mit einzelnen stumpfen Leisten umzogen und durch die unterste, welche genau der Peripherie entspricht, kantig erscheinend. Gewinde kegelförmig mit spitzem Apex. Es sind fünf gewölbte regelmässig zunehmende Umgänge vorhanden, welche durch eine deutliche Naht geschieden werden: der letzte ist ganz undeutlich kantig, an der Unterseite regelmässig gewölbt. Die Mündung ist schief, nahezu kreisrund, innen weiss mit durchscheinenden Binden, der Mundsaum nicht zusammenhängend, weit umgeschlagen, an der Umbiegungsstelle mit einer deutlichen glänzendweissen Lippe belegt; die Rand-insertionen sind einander genähert. Der Spindelrand ist stark ausgeschnitten und bildet mit dem Basalrand einen deutlichen Winkel, er ist nicht über die Perforation ausgebreitet.

Aufenthalt auf Mindanao.

Semper hat eine ziemliche Anzahl dieser Form erbeutet, die ich von L. perlucidum unbedingt abtrennen zu müssen glaube. Sie ist ziemlich veränderlich in der Zeichnung, aber bei allen Exemplaren ist diese auf die Oberseite beschränkt und bricht in der Mittellinie scharf ab. Nur das Fig. 22. 23 abgebildete Exemplar zeigt keinerlei Bänderung, sondern ist mit Ausnahme der Mündungstheile einfarbig braungelb: es erscheint auch etwas gedrückter und der letzte Umgang dadurch deutlicher kantig. Ich wage indess nicht es von den anderen Exemplaren abzutrennen.

Die Form mit der folgenden zu vereinigen verbietet der einfache nicht zusammen-hängende Mundrand.

11. Leptopoma latelimbatum Pfeiffer.

T. perforata, globoso-conica, tenuis, minute spiraliter striata et lineis obtusis elevatis subaequidistantibus cincta, diaphana, parum nitida, alba, maculis et fasciis pallide fulvis variegata: spira turbinata, acutiuscula. Anfractus 5 convexiusculi, rapide crescentes, ul-timo rotundato, medio linea acute elevata subcarinato; umbilico angusto, vix pervio. Apertura obliqua, subcircularis: peristoma duplex, album, internum interruptum breviter porrectum, marginibus callo tenui junctis, externo undique aequaliter dilatato, angulatim patente, supra perforationem exciso.

Diam. 17, alt. 11 mm.

Leptopoma latelimbatum Pfeiffer, Monographia Pneumonopom. 1, pag. 106. — Martini-
        Chemnitz, ed. II, pag. 298, Tab. 40, Fig. 1, 2. — Reeve, Conchol. Icon.
        sp. 12. — Dohrn, in: Malacozoolog. Blätter. 1863, pag. 93.

45

Diese von CUMING auf Nord-Luzon und Polillo entdeckte Form befindet sich nicht unter SEMPER's Ausbeute; sie steht der vorigen offenbar sehr nahe, hat aber einen zusammenhängenden doppelten Mundsaum.

15. Leptopoma Amaliae n.

Taf. 6 Fig. 21–26.

Testa subobtecte perforata, globoso-turbinata, solidula, subpellucida, striis spiralibus confertissimis undulatis lineisque incrementi irregularibus sculpta, carnea, lineis rufis fulguratis, strigatim dispositis ubique ornata, infra suturam anfractus ultimi fascia albida maculisque obliquis rufis signata; spira turbinata, apice acutiusculo, concolore. Anfractus 6 convexiusculi, ultimus angulatus, carina distincta albida et fascia supracarinali articulata ornatus, basi regulariter rotundatus. Apertura obliqua, subcircularis; peristoma album, undique reflexum, interruptum, margine columellari exciso, angulum distinctum cum basali formante, perforationem semioccultante.

Diam. maj. 18, min. 14, alt. 17 mm.

Leptopoma Amaliae KOBELT, Nachr.-Blatt der D. Malacol. Ges. 1886. pag. 53.

Leptopoma pulicarium in tabula ex errore.

Varietas omnino alba, pellucens (Fig. 26).

Gehäuse etwas bedeckt durchbohrt, kugelig-kreiselförmig, ziemlich festschalig, durchscheinend, mit dichtstehenden feinen etwas welligen Spirallinien skulptirt, nur mit einigen unregelmässigen Anwachsstreifen, fleischfarben mit feinen kurzen rothen Zickzacklinien, die zu Striemen angeordnet sind. Der letzte Umgang hat unter der Naht eine weisse Binde mit kurzen schräggestellten rothen Flecken. Gewinde kreiselförmig erhoben, mit spitzem, nicht abweichend gefärbtem Apex. Es sind völlig sechs Umgänge vorhanden; sie sind gut gewölbt, nehmen regelmässig zu und werden durch eine deutliche Naht geschieden; der letzte Umgang ist deutlich kantig und hat einen weissen Kiel, über welchem eine rothbraun gegliederte Binde läuft. Die Mündung ist schief, fast kreisrund, der Mundsaum weiss, etwas verdickt, ringsum ziemlich breit zurückgeschlagen, unterbrochen, nur mit einem ganz kurzen Callus auf der Mündungswand; der Spindelrand ist stark ausgeschnitten und in einem deutlichen Winkel mit dem Basalrand vereinigt; seine Einbiegung verdeckt die Perforation zum grösseren Theil.

Der genauere Fundort dieses Exemplares ist leider nicht angegeben. Ich glaubte es anfangs für L. pulicarium Pfr. nehmen zu können und habe es darum auf der Tafel so bezeichnet; es hat aber einen Umgang mehr, ist deutlich gekielt und der Mundrand kann nicht subinterruptum genannt werden; auch ist es erheblich grösser.

16. Leptopoma approximans Dohrn mss.

Testa anguste perforata, subglobosa, tenuis, fragilis, spiraliter confertim striata vestigiisque incrementi regularibus tenuibus subgranulata, liris spiralibus fortioribus aequidistantibus, peripherica anfractus ultimi majore, cingulata, carneo-fuscescens, punctis rufis irregulariter sparsis ornata: spira depresse turbinata, apice subtili. Anfractus 6 regulariter crescentes convexiusculi, sutura impressa discreti, ultimus subinflatus, lira peripherica distinctiore carinatus, basi bene rotundatus. Apertura obliqua, dilatata, fere exacte circularis, carnea, peristomate carneo, undique breviter reflexo, subinterrupto, marginibus approximatis callo tenui junctis, columellari regulariter arcuato, haud exciso. Diam. maj. 16, min. 13, alt. 15 mm.

Leptopoma approximans Dohrn mss. in coll. Semperiana. — Kobelt, in: Nachr.-Blatt der D. Malac. Ges. 1886, pag. 53.

Gehäuse eng durchbohrt, etwas gedrückt kugelig, dünnschalig und zerbrechlich, mit dichten, welligen, auch dem blossen Auge erkennbaren Spirallinien und ebenfalls ganz dichten deutlichen Anwachsstreifen, so dass es etwas gekörnelt erscheint, ausserdem aber mit stärkeren ziemlich regelmässig angeordneten Spiralkielen umzogen, von welchen der der Peripherie des letzten Umgangs entsprechende etwas stärker als die anderen ist. Die Färbung ist etwas bräunlich fleischfarben mit zahlreichen unregelmässig angeordneten rothen Punktflecken. Das Gewinde ist ziemlich niedrig kreiselförmig mit feinem spitzem Wirbel. Es sind sechs ziemlich gut gewölbte Umgänge vorhanden, welche regelmässig zunehmen und durch eine etwas eingedrückte Naht geschieden werden; der letzte ist etwas aufgeblasen und erscheint durch die stärkere peripherische Leiste kantig: mitunter springt auch noch eine der tieferstehenden Spiralleisten stärker vor, so dass er doppelt gekielt erscheint: die Unterseite ist gut gerundet. Die Mündung ist schief, weit, fast genau kreisrund, innen fleischfarben; auch der Mundsaum ist fleischfarben, allenthalben kurz zurückgeschlagen, fast zusammenhängend, die genäherten Ränder durch einen dünnen Callus verbunden, der Spindelrand regelmässig gebogen und durchaus nicht ausgeschnitten.

Aufenthalt bei Mariguit.

17. Leptopoma trochus Dohrn.

Testa angustissime perforata, trochiformis, tenuis, pellucida, confertissime spiraliter tenuistriata, obsolete quinquesulcata, hyalina, fasciis albidis cincta, pallide virenti-maculata: spira conica, apice acuta. Anfractus 5½ planiusculi, ultimus medio acutissime compresse carinatus, basi vix convexior. Apertura obliqua, subrhombea: peristomium duplex:

externum breviter reflexum, incrassatum, umbilici ⅔ tegens, marginibus callo tenui junctis, internum continuum, rectum: fauces late piceo cingulatae. — DOHRN.

Diam. maj. 15, min. 13, alt. 14 mm: apert. intus 6½ mm longe, 7 lata.

Leptopoma trochus DOHRN, Proceed. Zoolog. Soc. 1862, pag. 182. — PFEIFFER, Monogr. Pneumonopomor. III, pag. 84. Nr. 51. — Novitates Conchilog. IV, pag. 14. Tab. 112, Fig. 8—10.

Gehäuse sehr eng durchbohrt, trochusförmig, dünnschalig, durchsichtig, kaum erkennbar gestreift und sehr dicht mit feinen Spiralriefchen skulptirt, ausserdem mit in gleicher Entfernung stehenden stärkeren Kielen versehen, von denen der letzte Umgang oberseits 5, unterseits 2—3 weniger deutliche hat, glashell mit weisslichen Binden und Reihen grünlicher Flecken unter der Naht und über dem Kiel: hinter der Mündung scheint die braune Innenstrieme durch. Das Gewinde ist kegelförmig mit spitzem Wirbel. Ich zähle sechs Umgänge; die oberen 3½ sind leicht gewölbt und ohne Kiele, die folgenden vollkommen flach, der letzte ist an der Mitte mit einem sehr scharfen zusammengedrückten Kiel versehen, an der Basis kaum gewölbt, um den Nabel herum mit der Andeutung einer Anschwellung. Die Mündung ist sehr schräg, eckig eiförmig, fast rhombisch. Der Mundsaum ist deutlich doppelt: der äussere ist schmal zurückgeschlagen, verdickt, die Ränder durch einen dünnen Callus verbunden, der Basalrand verdeckt über zwei Drittel des Nabels, der innere ist zusammenhängend, gerade vorgezogen. Im Gaumen liegt hinter dem Mundrand eine breite, schwarzbraune, nach aussen durchscheinende Strieme.

Aufenthalt bei Maligi auf Mindanao, nur in wenigen Exemplaren gesammelt.

Diese Art steht dem L. goniostomum am nächsten, unterscheidet sich aber durch die Spiralskulptur, den verdeckten Nabel, den doppelten Mundsaum und die schwarze Strieme hinter demselben mehr als genügend.

18. Leptopoma Mathildae Dohrn.

Taf. 6 Fig. 31, 32.

Testa perforata, globoso-conica, tenuiuscula, spiraliter confertissime striata, parum nitens, pallide corneo-cerea, intus interdum late fusco-fasciata, pone aperturam late transverse fusco-zonata: spira elevata, turbinata, vertice acutiusculo. Anfractus 5 convexi, ultimus spiram subaequans, inflatus, liris 6 spiralibus, quarum peripherica acutiore, carinaeformi, sculptus: apertura obliqua, subcircularis; peristoma album, breviter reflexum, intus callosum, marginibus approximatis, superne subcucullatim dilatato. — Operculum normale.

Diam. maj. 13, min. 11, alt. 10 mm: apertura fere 7 mm alta.

Leptopoma Mathildae DOHRN, Proc. Zool. Soc. 1862, pag. 182. — PFEIFFER, Monogr. Pneumonopom. III, pag. 80. — Novitates Conchol. I, pag. 231, Tab. 59. Fig. 20, 21.

Gehäuse durchbohrt, kegelförmig-kugelig, dünnschalig, ganz dicht und fein spiralgestreift, wenig glänzend, blass hornfarben, wachsartig, bisweilen innen mit einer breiten,
kastanienbraunen, aussen matt erscheinenden Binde, stets aber hinter der Mündung mit
einer breiten braunen Querbinde gezeichnet. Gewinde erhoben, kreiselförmig, mit spitz-
lichem Wirbel. Die fünf Umgänge sind convex, die oberen mit drei erhabenen Quer-
leistchen besetzt, der letzte ungefähr so hoch als das Gewinde, aufgeblasen, mit 6 Leistchen besetzt, von denen das am Umfang schärfer und kielartig ist. Mündung schräg gegen
die Axe, fast kreisrund. Mundsaum weiss, schmal zurückgeschlagen, innen callös, seine
Ränder genähert, der obere fast mützenartig verbreitert.

Diese reizende kleine Art, welche durch die schwarze Zeichnung circa 2 mm hinter
dem Mundrand sofort charakterisirt wird, wurde bei Zamboanga auf Mindanao in geringer Anzahl gesammelt.

19. Leptopoma (helicoides var.?) boholense n.

Taf. 6 Fig. 17, 18.

Teste angustissime et subobtecte perforata, globuloso-trochoidea, tenuis, pellucens,
alba, nisi ad basin rufescenti-fusco variegata et maculata; spira sat exserta, apice acuto.
Anfr. 5—6 convexiusculi, superi laeves, sequentes subtilissime spiraliter striati, striis undulatis, lirisque nonnullis majoribus cingulati, ultimus acute angulatus et distincte carinatus, supra carinam liratus et maculis signatus, infra laevior, fere unicolor. Apertura obliqua, ovato-circularis, extus vix angulata, peristomate interrupto, undique late reflexo,
columellari vix exciso.

Diam. maj. 17, min. 14,5, alt. 15 mm.

Von den zahlreichen kritischen Formen der SEMPER'schen Ausbeute haben mir
wenige so zu schaffen gemacht, wie dieses reizende Exemplar, das von der Sierra Bullones auf Bohol stammt. Es hat ganz den Habitus von L. perlucidum, ist aber so scharf
gekielt, wie ich es bei dieser Art nie gesehen; ich hatte es trotzdem auf der Tafel dieser
Art zugeschrieben, bin aber bei genauerer Vergleichung zu der Ueberzeugung gekommen,
dass es, wie zwei später zu besprechende nah verwandte Formen von Si Aigar und von
Palapa auf Samar eher dem L. helicoides zugerechnet werden muss, wenn man es nicht
vielleicht sogar für eine gedrückte scharf gekielte Form des L. immaculatum halten will.
Die Abbildung PFEIFFER's in der zweiten Ausgabe des MARTINI-CHEMNITZ'schen Conchylien-
cabinets Tab. 16 Fig. 1 kommt unserer Form nahe, unterscheidet sich aber in der Mündungsbildung.

20. Leptopoma helicoides var.

Taf. 7 Fig. 1, 2.

Differt a typo testa tenuiore, translucente, anfractu ultimo liris distinctis supra et
infra carinam periphericam sculpto.

49

Es liegen mir in SEMPER'S Ausbeute noch zwei sehr hübsche Formen vor, welche ich als Lokalvarietäten zu Leptopoma helicoides stellen zu können glaube. Die eine, von Si Aigar (Fig. 1), ist einfarbig durchscheinend weisslich, von den Thierresten bläulich gefärbt, mit starkem milchweissem Kiel und ebenfalls deutlich milchweiss bezeichneten Spirallinien. Der Nabel ist relativ weit offen. Die Dimensionen sind: diam. maj. 17, min. 14, alt. 15 mm.

Die andere Form, von Palapa auf Samar (Fig. 2), hat die Kiele weniger deutlich milchweiss bezeichnet, den Nabel etwas weiter, und ist mehr gelblich, mitunter mit sehr schönen braunen Zeichnungen. Die Kiele auf der Unterseite sind weniger scharf, aber zahlreicher und dichtstehend. Die Dimensionen sind: diam. maj. 17, min. 15, alt. 16 mm.

Von der var. boholense unterscheiden sich beide Formen durch die weit deutlichere Skulptur der Unterseite.

21. Leptopoma immaculatum Chemnitz sp.

Taf. 7 Fig. 3—5.

Testa perforata, globoso-conica, tenuis, lineis concentricis obliquis confertissime sculpta, diaphana, alba, unicolor vel castaneo strigata et maculata: spira conica, acuta. Anfractus 5½ convexi, superi laeves, ultimus subinflatus, liris 4 subobsoletis et carina distinctiore peripherica sculptus, basi convexus. Apertura obliqua, subcircularis, extus levissime angulata: peristoma tenue, undique late expansum, marginibus disjunctis, columellari medio dilatato, dein exciso, umbilicum angustissimum haud pervium non occultante. Diam. maj. 16, min. 13, alt. 15 mm.

Turbo immaculatus CHEMNITZ, Conchylien-Cabinet. Vol. IX, pag. 57, Tab. 123, Fig. 1063.
Turbo marginellus GMELIN, Systema naturae ed. 13, pag. 3602.
Turbo laevis WOOD, Suppl. Tab. 6, Fig. 5.
Cyclostoma laeve SOWERBY, Proc. Zoolog. Soc. London, 1843, pag. 63. — Thesaurus
　　　　Conch. pag. 133, Tab. 29, Fig. 220—222. — ADAMS et REEVE, Voy. Sama-
　　　　rang Moll. pag. 57, Tab. 14, Fig. 3.
Cyclostoma immaculatum PFEIFFER, in: MARTINI-CHEMNITZ. ed. II, pag. 22, Tab. 3, Fig. 7;
　　　　Tab. 4, Fig. 7; Tab. 7, Fig. 23, 24; Tab. 16, Fig. 9. — SOWERBY, Spec.
　　　　Conchol. Cyclost. Fig. 124. — Zool. Voyage Beechey, pag. 146, Tab. 38,
　　　　Fig. 29.
Cyclostoma maculata LEA, Observat. II, pag. 68, Tab. 23, Fig. 87.
Cyclostoma maculosa SOULEYET, Revue Zool. 1842, pag. 101. — Voyage Bonite Mollusques
　　　　Tab. 30, Fig. 38—41.
Cyclostoma azaolanum SOWERBY apud JAY Catalogue 1850, pag. 250.

Semper, Philippinen. II. IV. , (K. VII. Land-conch. Ab.

Leptopoma immaculatum PFEIFFER, in: Zeitschr. für Malacozool. 1847, pag. 108. — Monograph. Pneumonopom. Vol. I, pag. 106.

Gehäuse eng und nicht durchgehend, aber nicht verdeckt durchbohrt, kugelig-kegelförmig, dünnschalig, mit feinen etwas schrägen Anwachsspuren, welche unter der Naht ein wenig stärker vorspringen, durchscheinend, nur selten, wie der CHEMNITZ'sche Name andeutet, einfarbig weiss, vielmehr meistens mit kastanienbraunen Striemen und Flecken, oft recht hübsch, gezeichnet; Gewinde kegelförmig mit spitzem Apex. Es sind über fünf Umgänge vorhanden; dieselben sind gut gewölbt, die oberen glatt, der letzte und ein Theil des vorletzten tragen vier mehr oder minder undeutliche Spiralleisten, der letzte auch noch einen stärkeren peripherischen Kiel; er ist übrigens an der Basis gut gewölbt. Die Mündung ist nicht sehr schräg. — PFEIFFER nennt sie vix obliqua, was aber auf meine Exemplare nicht passt —, nahezu kreisrund, nur wenig ausgeschnitten; der Mundrand ist ringsum breit ausgebreitet, dünn, die Ränder sind getrennt, nur dann und wann durch einen ganz dünnen Callus verbunden; der Spindelrand ist in der Mitte leicht verbreitert und dann etwas ausgeschnitten.

SEMPER sammelte die abgebildeten Exemplare bei Centro del Abra. Nach ADAMS kommt sie auch bei Manado auf Celebes vor.

Der Name immaculatum passt auf unsere Art eigentlich sehr wenig, der Name laeve aber gegenüber den zahlreichen ganz glatten Arten noch weniger. Die Abbildung bei CHEMNITZ liesse sich viel eher auf eine der dickschaligen Arten (z. B. perplexum Sow.) deuten, aber er sagt ausdrücklich: Turbo immaculatus, pellucidus, testa terrestri, laevi, umbilicata, candidissima, subcarinata, anfractibus 6 rotundatis, labro fimbriato reflexo: apertura rotunda.

Zweifelhaft ist ob Cyclostoma maculosa Souleyet hierher gehört. Ich kann die Abbildung in der Voy. Bonite nicht vergleichen; die Diagnose lautet (nach PFEIFFER): Testa ventricoso-conica, umbilicata, carinata, pellucida, albida, lituris fulvis creberrimis et maculis castaneis remotis picta: anfractibus 5 convexis, ultimo ventricoso, longitudinaliter tenue striato, superioribus laevigatis; apertura circulari; peristomate reflexo, albo, superne interrupto, ad umbilicum compresso; umbilico mediocri, profundo; operculo corneo. — Alt. 12, diam. 14 mm. — Hab. Luzon. — Die Beschreibung weicht von der PFEIFFER'schen Diagnose des L. immaculatum nur in den gesperrt gedruckten Worten ab: aber auf meine Exemplare passt die SOULEYET'sche Diagnose eigentlich besser.

22. Leptopoma atricapillum Sowerby.

Taf. 7 Fig. 6—8.

Testa perforata, globoso-pyramidata, tenuis, diaphana, albida, fusco varie variegata et interrupte fasciata, ad suturam maculata; spira pyramidata, apice acuto. nigro. Anfractus 6 convexi, subtilissime striatuli, liris obsoletis distantibus 5—6 cingulati, ultimus angulatus, ad angulum carina distincta munitus, infra eam saepe distinctior nigro vel brunneo fasciatus, basi convexiusculus, obsolete liratus vel laevigatus. Apertura obliqua, lunari-circularis, extus leviter angulata, faucibus nitide albis; peristoma tenue, expansum, marginibus disjunctis, supero medio producto, columellari subsinuato, superne vix dilatato, umbilicum angustissimum semioccultante.

Diam. maj. 11, min. 9, alt. 12 mm.
— — 12, — 10, — 13 mm.

Cyclostoma atricapillum Sowerby, Proceed. Zool. Soc. 1843, pag. 64. — Thesaurus Conch. pag. 137, Tab. 30, Fig. 230, 231. — Pfeiffer, in: Martini-Chemnitz, ed. II. pag. 20, Tab. 2, Fig. 11, 12; Tab. 16, Fig. 6, 7.

Leptopoma atricapillum Pfeiffer, Monogr. Pneumonopomorum I. pag. 115. — Reeve, Conch. Icon. sp. 6.

Gehäuse eng und fast bedeckt durchbohrt, kuglig pyramidal, dünnschalig, durchscheinend, weisslich mit blassbräunlichen Striemen und unterbrochenen Binden, meist mit einer Reihe radiär gestellter Flecken unter der Naht; Gewinde pyramidal mit schwarzem, spitzem Apex. Die sechs Umgänge sind gewölbt und haben oberseits 5—6 linienartige Spiralreifen in regelmässigen Abständen; der letzte ist kantig und trägt an der Kante einen stärkeren Kiel; die Unterseite ist gewölbt und hat nur feine Spirallinien. Die Mündung ist schräg, gerundet, oben leicht ausgeschnitten, nach aussen etwas eckig, glänzend weiss; der Mundsaum ist dünn, ausgebreitet, die Ränder getrennt, ohne Mündungscallus, der Aussenrand oben bogig vorgezogen, der Spindelrand abstehend, in der Mitte etwas winklig vorgezogen, den sehr engen Nabel halb verbergend.

Cuming entdeckte diese Art bei Calapan auf Mindoro; zwei Originalexemplare von ihm im Senckenberg'schen Museum in Frankfurt stimmen mit Pfeiffer's Beschreibung völlig überein. — Semper hat die Art von verschiedenen Punkten mitgebracht, und seine Exemplare beweisen, dass die Veränderlichkeit eine ziemlich bedeutende ist. Das Fig. 6 abgebildete Exemplar von Lampungan hat bei einem grossen Durchmesser von 13 mm eine Höhe von 15 mm; es weicht auch durch die weniger kreisrunde und obenher abgeflachte Mündung nicht unerheblich vom Typus ab. — Fig. 7 stammt von Mindoro und ist auch noch erheblich grösser als der Typus, 14 mm hoch, im übrigen aber völlig mit ihm übereinstimmend; unter dem undeutlichen Kiel läuft eine scharfbegrenzte braune Binde. — Fig. 8 von Zamboanga schliesst sich in Grösse und Mündungsbildung ganz an den Typus an, hat aber statt der zerstreuten Flecken scharfausgeprägte lebhaft braunrothe Striemen auf der Oberseite. — Noch kleiner, nur 10 mm hoch, ist eine Form von Mindoro; eine etwas grössere von Masoloï hat den Mundrand der fast rein kreisrunden Mündung allenthalben zurückgeschlagen. — Unter Exemplaren von Mindoro findet sich endlich noch ein leider unvollendetes Exemplar, bei welchem die braune

52

Zeichnung die Grundfarbe nahezu völlig verdrängt hat, so dass diese nur noch an den Nahtflecken durchschimmert.

23. Leptopoma regulare Pfeiffer.

Taf. 7 Fig. 9.

L. testa angustissime perforata, conico-globosa, tenui, liris approximatis superne aequalibus sculpta, interstitiis spiraliter confertim striatis, diaphana, albida, maculis fulvis regulariter tessellata; spira turbinata, apice acuta, pallide cornea; anfr. 5½ convexiusculi, ultimo convexiore, infra liram periphericam inflato, obsoletius lirato; apertura obliqua, lunato-circulari; peristomate interrupto, tenui, albo, breviter patente, margine columellari basi biangulatim dilatato.

Diam. 12.5, alt. 10 mm². — L. Pfeiffer.

Cyclostoma regulare Pfeiffer, Proc. Zool. Soc. 1851. — Martini-Chemnitz, Conchyl.-ed. II, pag. 298, Tab. 40, Fig. 3, 4.
Leptopoma regulare Pfeiffer, Consp. method. pag. 18, Nr. 168. — Monogr. Pneumono-pom. Vol. III. pag. 116.

Semper hat auf Mindoro ein Leptopoma gesammelt, das bis auf die bedeutenderen Dimensionen wenigstens in einzelnen Exemplaren ganz mit Pfeiffer's oben kopirter Diagnose stimmt, während andere Exemplare sich weit davon entfernen, ohne dass man die vorhandenen Stücke in verschiedene Arten sondern könnte. Das Fig. 9 abgebildete Exemplar nähert sich, wie das Pfeiffer angiebt, dem L. atricapillum sehr, ist aber entschieden breiter im Verhältniss zur Höhe, die Spiralreifen sind stärker und der Nabel ist enger. Die Zeichnung ist beinahe genau dieselbe, wie bei dem Fig. 6 abgebildeten Exemplare von L. atricapillum; eine besonders deutliche Fleckenreihe unter der Naht, in Flecken aufgelöste Striemen darunter, und unter der Peripherie des letzten Umganges ein scharf ausgeprägtes braunes Band, das auch in der Mündung sichtbar ist. Die Dimensionen sind: Diam. max. 15, alt. 15 mm.

Ob L. regulare gegenüber atricapillum als Art haltbar ist, möchte ich nach dem mir vorliegenden Materiale bezweifeln; sie scheinen auch an demselben Fundort durcheinander vorzukommen. — Pfeiffer hält freilich die Unterschiede für erheblich genug, um beide Arten nicht nur zu trennen, sondern sie sogar ganz verschiedenen Sektionen zuzurechnen: regulare steht bei den globoso-conicae, atricapillum bei den conicae. Beide Arten erinnern übrigens auch sehr an die kleinen Cyclophorus der Gruppe des C. philippinarum und überbrücken auch hier die Kluft zwischen Cyclophorus und Leptopoma.

24. Leptopoma pulicarium Pfeiffer var.

Taf. 7 Fig. 10.

Testa perforata, globoso-turbinata, tenuiuscula, pellucida, striis spiralibus confertissimis undulatis sub vitro fortiore sculpta, carnea, punctis rufulis (interdum fulguratim confluentibus) dense conspersa, infra suturam anfractus ultimi fascia albida et strigis castaneis brevibus ornata; spira turbinata, apice acutiusculo, corneo. Anfractus 5 convexi, ultimus inflatus, rotundatus. Apertura obliqua, subcircularis; peristoma album, tenue, breviter subinterruptum, margine dextro patente, sinistro medio dilatato, reflexo, callo tenui brevi.

Diam. maj. 14, min. 12, alt. 15 mm.

Leptopoma pulicarium Pfeiffer, Proc. Zoolog. Soc. 1861, pag. 29, Tab. 3, Fig. 7. — Monogr. Pneumonopom. III, pag. 77. — Reeve, Conch. Icon. sp. 28.
Leptopoma vitreum var. Martens, Zool. Ostasiat. Exped. Moll. pag. 113.

Von dieser Art, welche Wallace auf Batchian entdeckte, kann ich ein Stück nicht trennen, welches Semper auf Alabat sammelte; es unterscheidet sich von Pfeiffer's Beschreibung und Reeve's Abbildung nur durch den weniger geöffneten Mundrand, was für die Begründung einer Species gewiss nicht, für die einer Varietät kaum ausreichen dürfte. Im Uebrigen lässt die Uebereinstimmung nichts zu wünschen übrig.

Das Gehäuse ist eng durchbohrt, kugelig-kreiselförmig, dünnschalig, durchsichtig, unter der Loupe mit dichten, sehr feinen, wellenförmigen Spirallinien bedeckt, die Färbung fleischfarben, dicht mit röthlichen Punkten, die mitunter zu Striemen zusammenfliessen, bestreut, der letzte Umgang mit einer hellen Binde unter der Naht, in welcher entferntstehende kurze intensiv rothbraune Radiärlinien verlaufen. Pfeiffer erwähnt diese Binde nicht, aber Reeve's Figur lässt sie erkennen. Das Gewinde ist kreiselförmig mit spitzem, hornfarbenem Apex. Die fünf Umgänge sind gut gewölbt, der letzte ist aufgeblasen, rein gerundet. Die Mündung ist schräg, fast kreisrund, der Mundsaum weiss, dünn, nur wenig an der Mündungswand unterbrochen, der Aussenrand leicht geöffnet, der Spindelrand in der Mitte etwas verbreitert und umgeschlagen. — Der Deckel ist normal.

Aufenthalt auf Alabat.

25. Leptopoma vitreum Lesson.

Taf. 7 Fig. 11, 12.

Testa globoso-turbinata, perforata, tenuis, pellucida, subtiliter oblique striatula lineisque subtilissimis spiralibus confertissime sculpta, nitidula, alba unicolor vel fusco fasciata vel strigata; spira conica, acuta. Anfractus 5½, convexi, sutura sat profunda discreti, regulariter crescentes, ultimus rotundatus, rarius obtuse angulatus, antice haud

54

descendens, ad aperturam plus minusve dilatatus. Apertura parum obliqua, subcircularis, parum excisa; peristoma subduplex, vix continuum, leviter incrassatum, reflexum, margine columellari recto, extus exciso.

Diam. maj. 14, alt. 13,5 mm.

Cyclostoma vitrea LESSON, Voy. Coquille, II, pag. 346, Tab. 16, Fig. 6. — LAMARCK-DESHAYES, Anim. sans vert. Vol. VIII, pag. 367.

Cyclostoma vitreum SOWERBY, Thesaurus Conchyl. pag. 134, Tab. 30, Fig. 252. — PFEIFFER, in: MARTINI-CHEMNITZ, Conchyl. Cab., ed. II, pag. 158, Tab. 21, Fig. 24—26.

Cyclostoma lutea QUOY et GAIMARD, Voy. Astrolabe Zoologie, II, pag. 180, Tab. 12, Fig. 11—14. — PFEIFFER, in: MARTINI-CHEMNITZ, ed. II, Tab. 28, Fig. 16—18.

Leptopoma vitreum PFEIFFER, Monograph. Pneumonopom., Vol. I, pag. 101. — REEVE, Conchol. Icon., sp. 28. — MARTENS, Exped. Ost-Asien II, pag. 113, Tab. 4, Fig. 2, 4, 5—7.

Gehäuse kugelig-kreiselförmig, eng durchbohrt, die Perforation nicht durchgehend, dünnschalig, durchsichtig, sehr fein schräg gestreift und von noch feineren, dicht gedrängten, leicht welligen Spirallinien umzogen, weiss, bald einfarbig, bald mit braunen Binden oder auch Flammenzeichnungen. Gewinde kegelförmig mit feinem spitzem Wirbel. Es sind über 5 Umgänge vorhanden, welche durch eine feine, aber deutliche tiefe Naht geschieden werden; sie sind gut gewölbt und nehmen regelmässig zu, der letzte ist gerundet, ziemlich gross, vornen erweitert und steigt an der Mündung nicht herab. Die Mündung ist fast kreisrund, wenig schief, kaum ausgeschnitten; der Mundsaum ist undeutlich doppelt, durch einen schwachen Callus kaum zusammenhängend, umgeschlagen, der Spindelrand fast senkrecht und nach dem Nabel hin deutlich ausgeschnitten.

MARTENS hat bereits l. c. darauf aufmerksam gemacht, dass LESSON's Beschreibung und Abbildung und PFEIFFER's Diagnose von Cycl. vitreum nicht stimmen; er schliesst darum die philippinischen Formen von Cycl. vitreum Lesson aus und möchte sie dem l.. Portei Ptr. zuweisen. Der Hauptunterschied liegt in der Bildung des Mundsaumes; bei den Formen von Neu-Irland und Neu-Guinea ist er deutlich doppelt und der innere über die Mündungswand hin zusammenhängend, bei den philippinischen Exemplaren, wenigstens den mir vorliegenden, ist er zwar bei schräger Beleuchtung auch als doppelt zu erkennen, aber die beiden Ränder sind nur durch einen ganz dünnen Callus verbunden und können nicht eigentlich mehr zusammenhängend genannt werden. Mein Material von anderen Fundorten ist zu gering, um diese Frage zu entscheiden; ich lasse es darum bei der herkömmlichen Deutung bewenden.

Leptopoma vitreum hat für eine Deckelschnecke eine überraschend weite Verbreitung; sie reicht westwärts bis zum östlichen Java, wo sie ZOLLINGER bei Banjuwangi

55

und Wonosari sammelte, und ostwärts bis Neuguinea; innerhalb dieses Gebietes findet sie sich auf den Molukken, und zwar auf beiden Gruppen derselben, und auf den Philippinen. SEMPER sammelte sie bei Ontobatu, eine rein weisse, ziemlich grosse, sehr dünnschalige Form, dann bei Masoloë, theils einfarbig, theils mit drei rietrothbraunen scharf begrenzten Binden, 11 mm gross; ferner auf Zamboanga, einfarbig.

MARTENS nennt auch Mazaraga in der Provinz Albay auf Luzon.

Die ADAMS haben auf diese Art die Gattung Dermatocera gegründet, weil sie ein Horn am hinteren Fussende haben sollte; es ist aber das ein Irrthum gewesen, das Thier unterscheidet sich in nichts von den anderen Leptopomen.

26. Leptopoma distinguendum Dohrn.

Taf. 7 Fig. 13, 14.

Testa angustissime et obtecte perforata, globuloso-conoidea, tenuis, pellucida, sericea, lutescenti albido-grisea, vel fascia brunnea angusta peripherica suturam sequente ornata; spira exserta, apice acuto. Anfractus 5—6 convexi, regulariter crescentes, striis incrementi et spiralibus sub lente subtilissime granulati, ultimus teres, ³/₄ testae aequans, ad aperturam perparum descendens; sutura distincta. Apertura fere exacte circularis, vix excisa, fascia intus translucente; peristoma fere continuum, parum incrassatum, levissime reflexum, ad insertionem basalem haud dilatatum, intus callo angusto filiformi remote labiatum. — Operculum corneum, sat late spiratum, striis incrementi distinctis.

Diam. maj. 12, min. 10, alt. 13 mm.

Leptopoma distinguendum DOHRN mss., in Coll. Semperiana.

Gehäuse sehr eng und bedeckt durchbohrt, kugelig-kegelförmig, dünnschalig, durchscheinend, seidenglänzend, grauweiss mit einem Stich ins Gelbliche, mit einer schmalen, aber scharf ausgeprägten braunen Binde umzogen, welche der Naht entlang auf das Gewinde hinaufläuft; das Gewinde ist hoch mit spitzem Apex. Es sind beinahe 6 Umgänge vorhanden, gut gewölbt und regelmässig zunehmend, mit gleich feinen Anwachsstreifen und gedrängten Spirallinien skulptirt, so dass unter der Loupe eine sehr hübsche Körnelung sichtbar wird; der letzte Umgang ist stielrund, nimmt etwa drei Fünftel der Höhe ein und steigt nach der Mündung hin nur ganz leicht herab. Die Naht ist deutlich und regelmässig. Die Mündung ist beinahe rein kreisrund, kaum durch die Mündungswand ausgeschnitten, nur wenig schräg; die Binde scheint im Gaumen durch. Der Mundsaum ist nur wenig verdickt und ganz wenig umgeschlagen, an der Insertion des Basalrandes kaum verbreitert; die Insertionen sind sich sehr genähert, so dass nur eine ganz kurze Unterbrechung bleibt; in einiger Entfernung vom Mundrand steht ein schmaler fadenförmiger, aber deutlicher Callus.

Aufenthalt auf Palawan, Casiguan und Digallorin.

PFEIFFER zieht im Nachtrag zum dritten Pneumonopomen-Supplement das im PAETEL'schen Catalog angeführte Lept. distinguendum Dohrn zu Lept. latelimbatum; es muss ihm eine andere Form vorgelegen haben, denn die hier abgebildete hat mit dieser Art gar keine Beziehungen. Sie ist unmittelbar neben Lept. vitreum zu stellen, unterscheidet sich aber genügend durch den viel engeren Nabel, den viel mehr aufgeblasenen letzten Umgang und den viel weniger umgeschlagenen, am Basalrand nicht ausgeschnittenen und nicht verbreiterten Mundsaum. — Leptop. achatinum Crosse könnte hierher gehören, wenn nicht der Autor ausdrücklich sagte: margine columellari, dilatato, leviter protracto.

27. Leptopoma achatinum Crosse.

Testa perforata, globoso-conica, tenuis, suboblique et obsoletissime ruguloso-striatula, nitida, pellucida, viridulo-lutea: spira conoidea, subacuta, apice obtusulo; anfractus 5 convexi, celeriter accrescentes, primi 2 spiraliter rare lirati, ultimus globosus, spiram superans, leviter descendens, angustissime perforatus: apertura obliqua, circularis; peristoma simplex, subacutum, breviter expansum, albidum, marginibus conjunctis, columellari dilatato, leviter protracto. — CROSSE.

Diam. maj. 11, min. 9, alt. 10, diam. apert. 6 mm.

Leptopoma achatinum CROSSE, Journal de Conchyliologie, XIII. 1865, pag. 229. — XIV, 1866, pag. 164, Tab. 5, Fig. 5. — PFEIFFER, Monograph. Pneumonopom. IV, pag. 129.

Wird von CROSSE als vermuthlich von den Philippinen stammend angegeben.

28. Leptopoma bicolor Pfeiffer.

Testa perforata, globoso-turbinata, tenuis, sub lente confertissime spiraliter striata, diaphana, albida, castaneo bi-vel trifasciata, rarius unicolor cerea; spira turbinata, obtusula. Anfractus 5 convexiusculi, ultimus rotundatus, lineis 3—4 distantibus, vix filosoelevatis munitus. „Apertura obliqua, subcircularis; peristoma simplex, subaequaliter angulatim expansum, marginibus callo tenuissimo junctis, columellari leviter sinuato. L. PFR. — Operculum tenue, corneum, marginibus anfractuum subtilose prominentibus.

Diam. maj. 13.5, min. 10, alt. 15 mm.

Cyclostoma bicolor (Leptopoma) PFEIFFER, Proc. Zoolog. Soc. 1852, pag. 145, Tab. 13, Fig. 9. — MARTINI-CHEMNITZ, ed. II, pag. 374, Tab. 48, Fig. 25—27. Leptopoma bicolor PFEIFFER, Monograph. Pneumonopom. I, pag. 104. — REEVE, Conch. Icon. sp. 15. — DOHRN, Malakozool. Blätter. 1863, pag. 93.

Gehäuse durchbohrt, kreiselförmig kugelig, dünnschalig, unter der Loupe mit feinen etwas gewellten Spirallinien dicht umzogen, durchsichtig, weisslich wachsfarben mit 2—4 tiefkastanienbraunen Binden umzogen, seltener einfarbig wachsartig; Gewinde kreiselförmig mit stumpfem Apex. Die fünf Umgänge sind ziemlich gewölbt, der letzte ist gerundet und zeigt meistens 3—4 entferntstehende leicht vorspringende Kiele. Die Mündung ist schief, fast kreisrund, der Mundsaum einfach, ringsum ziemlich gleichmässig im Winkel ausgebreitet, die Ränder durch einen ganz dünnen Callus verbunden, der Spindelrand leicht ausgebuchtet. — Der Deckel ist flach, hornig, die Ränder der Windungen springen fadenartig vor.

Ein leider nicht ganz ausgewachsenes Exemplar von Tubigan stimmt ziemlich mit PFEIFFER's Diagnose, aber es hat drei Binden und keine erhabenen Spirallinien, so dass ich es nicht mit Bestimmtheit zu L. bicolor zu stellen wage.

29. Leptopoma luteostomum Sowerby.

Testa perforata, globoso-conica, tenuis, lineis spiralibus subelevatis, distantibus cincta, pellucida, alba vel fulvida; spira conica, acuta; anfractus 5 convexi, ultimus ventrosus; apertura obliqua, subcircularis; peristoma angulatim reflexum, patens, aurantiacum, marginibus approximatis, callo tenui junctis, columellari subangulatim dilatato. — Operculum normale. — L. PFR.

Diam. maj. 10, min. 8, alt. 8 mm; apert. intus 5½ mm diam.

Cyclostoma luteostoma SOWERBY, Proc. Zool. Soc. 1843, pag. 62. — Thesaurus Conchyl. pag. 135, Tab. 30, Fig. 228, 229.
Cyclostoma luteostomum PFEIFFER, in: MARTINI-CHEMNITZ, ed. II, pag. 96, Tab. 12, Fig. 21—23.
Leptopoma luteostomum PFEIFFER, Zeitschr. für Malakozool. 1847, pag. 108. — Monogr. Pneumonopom. I, pag. 105. — REEVE, Conch. Icon. sp. 37.

Auf Guimaras von CUMING entdeckt, durch den orangefarbenen Mundrand leicht zu erkennen; in SEMPER's Ausbeute nicht vertreten.

30. Leptopoma ciliatum Sowerby.

Testa mediocriter umbilicata, depresso-turbinata, tenuiuscula, striata, castanea, fulvo-strigata et maculata; spira conoidea, apice acuta; anfractus 5 convexiusculi, ultimus medio carinatus, pilorum confertorum serie ciliatus, basi planior; apertura obliqua, subcircularis, intus albida; peristoma simplex, expansiusculum, marginibus disjunctis, columellari breviter reflexo. — Operculum normale. — L. PFR.

Diam. 12, alt. 8 mm; apertura 6 mm longa et lata.

Cyclostoma ciliatum Sowerby, Proc. Zool. Soc. 1843, pag. 65. — Thesaurus Conchyl.
pag. 127, Tab. 30, Fig. 237, 238. — Pfeiffer, in: Martini-Chemnitz, ed. II,
pag. 150, Tab. 20, Fig. 26, 27.
Leptopoma ciliatum Pfeiffer, Zeitschr. für Malakozool. 1847, pag. 109. — Monograph.
Pneumonopom., Vol. I, pag. 112. — Reeve, Conch. Icon. sp. 39.

In Süd-Camarinas auf Luzon von Cuming entdeckt; der Borstenreihe am Kiel
wegen nur mit dem javanischen L. ciliferum oder L. barbatum Pfr. von Borneo ver-
gleichbar. — Semper hat diese Art nicht gesammelt.

31. Leptopoma Panayense Sowerby.

Testa perforata, globoso-conica, tenuissima, sublaevigata, sericina, costis capillari-
bus spiralibus distantibus cincta, pallide fuscescens, castaneo-variegata; spira brevis, conoidea, obtusiuscula; anfractus 5 convexiusculi, celeriter accrescentes, ultimus carinatus;
apertura subobliqua, fere circularis, intus margaritacea; peristoma simplex, acutum, coe-
rulescenti-album, fusco limbatum, marginibus remotis, dextro et basali arcuatis, angulatim late expansis, columellari brevi, strictiusculo, superne reflexo, basi subauriculato. —
Operculum normale.
Diam. 13, alt.

Cyclostoma Panayense Sowerby, Proc. Zool. Soc. 1843, pag. 62. — Thesaurus Conchyl.
pag. 131, Tab. 30, Fig. 239. — Pfeiffer, in: Martini-Chemnitz, ed. II,
pag. 154, Tab. 20, Fig. 28, 29.
Leptopoma Panayense Pfeiffer, Zeitschr. für Malacozool. 1847, pag. 108. — Monogr.
Pneumonopom. I, pag. 108. — Reeve, Conchol. Icon. sp. 34.

Auf Panay und Samar von Cuming entdeckt; — unter Semper's Ausbeute nicht
vertreten.

32. Leptopoma insigne Sowerby.

Testa perforata, subconoidea, tenuissima, membranacea, sericina, corneo-olivacea;
spira conica, acuta. Anfractus 5 convexi, summi laevigati, 2 ultimi oblique striati, superne quadricarinati, ultimus maximus, ad peripheriam acute carinatus, basi inflatus,
infra peripheriam carinis duabus parum prominentibus cinctus. Apertura parum obliqua,
lunato-rotundato, intus submargaritacea; peristoma simplex, undique breviter reflexum,
marginibus distantibus, columellari albido, subdilatato, umbilicum angustissimum semioccultante. — Operculum normale. — L. Pfr.
Diam. maj. 15, min. 12, alt. 11 mm.

Cyclostoma insigne SOWERBY. Proceed. Zool. Soc. London. 1843, pag. 62. — Thesaurus
Conchyl. pag. 138, Tab. 30, Fig. 232. — PFEIFFER, in: MARTINI-CHEMNITZ,
ed. II, pag. 107, Tab. 12, Fig. 19, 20.
Leptopoma insigne PFEIFFER, Zeitschr. für Malakozool. 1847, pag. 108. Monograph.
Pneumonopom. I, pag. 111.

Hab. Calapan insulae Mindoro CUMING. — Wurde von SEMPER nicht mitgebracht.

D. Pupinea.

Genus Coptocheilus Gould.

Testa chrysaliformis, acuta, arcte perforata, castanea; apertura a spira fere disjuncta; peristomate plus minusve duplici, lamina interna postice incisa. Operculum corneum, multispirale, circulare, planulatum.

PFEIFFER hat die orientalischen Arten, auf welche GOULD seine Gattung Coptocheilus gegründet hat, mit den westindischen Megalomastoma zu einer Gattung vereinigt und auch die maskarenischen Dacrystoma dazu genommen; mir erscheint es viel zweckmässiger, diese geographisch gut geschiedenen und auch testaceologisch unterscheidbaren Gruppen eben so gut als Gattungen anzuerkennen, wie die centralamerikanischen Tomocyclus.

Auf den Philippinen kommt nur eine Art dieser Gattung vor, nämlich:

Coptocheilus altus Sowerby.

Testa subperforata, oblongo-turrita, solidula, subtiliter striata, sublaevigata, sericea, castanea; spira convexo-turrita, apice lutescente, acutiusculo; anfractus 7—8, supremi vix convexiusculi, penultimus convexior, ultimus angustior, basi rotundatus, obtuse filocarinatus. Apertura subobliqua, basi producta, circularis, intus brunnea; peristoma duplex: internum continuum, expansum, latere sinistro juxta columellam subcanaliculato-impresso, externum breviter expansum, superne et ad sinistram dilatatum. — Operculum membranaceum, planum, arctispirum, corneo-lutescens. — L. PFR.

Long. 26, diam. 9, apert. diam. intus 6 mm.

Cyclostoma altum SOWERBY, Proceed. Zoolog. Soc. 1842, pag. 81. — Thesaurus Conch.
pag. 152, Tab. 28, Fig. 187. — PFEIFFER, in: MARTINI-CHEMNITZ, ed. II,
pag. 127, Tab. 15, Fig. 12—14.
Megalomastoma altum PFEIFFER, Zeitschr. für Malakozool. 1847, pag. 109. — Monogr.
Pneumonopom. I, pag. 132. — CHENU, Manuel Vol. I, Fig. 5609.

Coptocheilus altus GOULD, Otia Concholog. pag. 239.

An Megalomastoma brunnea GUILDING, in: SWAINSON, Malacolog. pag. 333, Fig. g, h, i.?

Von CUMING auf Negros entdeckt, in SEMPER's Ausbeute nicht vertreten.

Genus Pupinella Gray.

Testa ovata, epidermide tenui, cornea induta: apertura circularis; peristoma reflexum, latere sinistro prope basin canaliculatum. — Operculum corneum, arctispirum. — L. PFR.

1. Pupinella pupiniformis Sowerby.

Taf. 7 Fig. 17. 18.

Testa aperte perforata, oblonga, sub lente regulariter et confertim striata, brunnea, parum nitens, subsericina: spira superne sensim attenuata, acutiuscula, sed apice leviter obtusato. Anfractus 7 convexiusculi, sutura profunda discreti, ultimus penultimo brevior et angustior, descendens. Apertura verticalis, subcircularis, angusta, supra haud canaliculata, columella rima obliqua lineari, extus in foramen apertum terminata dissecta; peristoma late expanso-reflexum, marginibus callo tenuissimo late expanso junctis, columellari plano, patente, circa foramen columellare incrassato et in carinam rotundatam, perforationem ambeuntem, producto.

Alt. 17, diam. 7, diam. apert. cum perist. 7 mm.

Cyclostoma pupiniforme SOWERBY, Proc. Zool. Soc. London, 1842, pag. 81. — Thesaurus Conchyl. pag. 152, Tab. 28, Fig. 188.

Pupina Sowerbyi PFEIFFER, Zeitschr. f. Malakozool. 1847, pag. 110. — MARTINI-CHEMNITZ, ed. II. pag. 200, Tab. 27, Fig. 7, 8.

Pupinella pupiniformis GRAY, Catal. Cyclophor. pag. 51. — PFEIFFER, Monogr. Heliccor. I, pag. 139. — CHENU, Manuel Vol. I, Fig. 3619, 20.

Gehäuse offen durchbohrt, länglich eiförmig, unter der Loupe sehr fein und dicht rippenstreifig, einfarbig braun, kaum glänzend, nur schwach seidenartig schimmernd. Das Gewinde verschmälert sich nach oben allmählig zu einer kegelförmigen Spitze, die aber oben ganz kurz abgestutzt ist. Es sind reichlich sieben Umgänge vorhanden, welche durch eine tiefe Naht geschieden sind; sie sind ziemlich gewölbt, der letzte ist kürzer und schmäler, als der vorletzte und steigt stärker herab; auch verläuft seine Streifung viel schräger. Die Mündung ist senkrecht, fast kreisrund, ziemlich klein; sie hat oben keinen Kanal, die Spindel wird aber von einem engen Schlitz durchsetzt, welcher sich aussen zu einem runden Loch erweitert. Der Mundrand ist schwielig verdickt, breit ausgebreitet und zurückgeschlagen, die Ränder werden durch einen ganz dünnen, aber bis fast zur vorhergehenden Naht ausgebreiteten Callus verbunden, der Aussenrand steigt weit am vorletzten Umgange in die Höhe, ist aber nur durch eine ganz seichte Ritze von ihm geschieden; der Spindelrand ist abgeflacht, offen, um das Loch zu einem Callus verdickt, von welchem aus ein Kamm nach der Perforation läuft. — Deckel dünn, hornig, mit wenig deutlichen Windungen und einem deutlichen Apex in der Mitte.

SEMPER hat nur ein Exemplar von Mariguit mitgebracht; CUMING fand sie in der Provinz Cagayan auf Luzon. — Eine kleinere Form, welche in der Gestalt mehr an P. mindorensis erinnert und auch eine Art oberen Canal besitzt, aber deutlich durchbohrt ist und nicht den dreieckigen Callus der Insertion des Oberrandes gegenüber besitzt, sammelte SEMPER gleichfalls in Cagayan; sie ist Fig. 18 abgebildet.

2. Pupinella mindorensis Adams et Reeve.

Testa imperforata, pupaeformis, solidula, confertissime striata, sericina, fusca; spira oblongo-conica, apice acutiuscula; sutura profunda, marginata; anfractus 7 convexi, ultimus angustior, rotundatus; apertura subcircularis, obliqua, (basi axin excedens), superne callo triangulari parietis aperturalis juxta insertionem peristomatis posito sinuata; peristoma latum, incrassatum, angulatim reflexum, bicanaliculatum, ad canalem superiorem subito attenuatum, margine columellari plano, rectangule truncato, canalem apertum extrorsum dilatatum formante. — L. PFEIFFER.

Alt. 11, diam. 5 mm.

Pupina Mindorensis ADAMS et REEVE, Voy. of the Samarang, Mollusca, pag. 57, Taf. 14. Fig. 2. — PFEIFFER, in: MARTINI-CHEMNITZ, ed. II, pag. 237, Tab. 31. Fig. 21, 22. — Monogr. Pneumonopom. I, pag. 141.
Pupinella Mindorensis PFEIFFER, Monogr. Pneumonopom. IV, pag. 146.
Pupinopsis Mindorensis ADAMS, Proceed. Zoolog. Soc. London, 1867, pag. 314 (ex parte).

Diese von BELCHER im südlichen Mindoro entdeckte Art wurde von SEMPER nicht wieder gefunden. A. ADAMS und SOWERBY nennen sie auch von Japan, doch könnte das auf einer leicht möglichen Verwechslung mit Pupinella rufa Sow. — japonica Kobelt beruhen.

Genus Pupina Vignard.

Operculum tenue, membranaceum, arctispirum, subplanum. — Testa pupaeformis, plerumque callo nitido obducta, peristoma simplex, incrassatum vel reflexum, margine columellari medio canali transverso dissecto, canali altero ad insertionem marginis dextri.

1. Pupina Ottonis Dohrn.

Taf. 7 Fig. 19.

Testa ovato-acuminata, solidula, glaberrima, nitidissima, fusco-fulva; spira convexo-conica, vertice acutiusculo; sutura callosa, submarginata; anfractus 5½ convexiusculi, ultimus ventrosus, spiram paullo superans; apertura verticalis, sinuoso-circularis; paries aperturalis lamina erecta, compressa, intrante, cum margine dextro canalem latum formante, munitus; peristoma incrassatum, expansiusculum, margine dextro antrorsum flexuoso, sinistro canali retrorsum breviter ascendente dissecto, supra canalem truncato-linguaeformi. — Operculum concolor, fere planum, medio extus impressum, intus papillatum. Alt. 10, diam. 6 mm.

Pupina Ottonis DOHRN, Proceed. Zool. Soc. London, 1862, pag. 183. — PFEIFFER, Monogr. Pneumonopom. III, pag. 94.

Gehäuse undurchbohrt, spitz eiförmig, sehr glatt und glänzend, dunkel braungelb; Gewinde gewölbt kegelförmig mit spitzem Apex; die Naht ist schwielig und leicht berandet. Es sind 5½ ziemlich gewölbte Umgänge vorhanden; der letzte ist sehr bauchig und höher als das Gewinde. Die Mündung ist ziemlich senkrecht, kreisrund mit einer Bucht nach oben, welche durch eine auf der Mündungswand stehende, hohe, zusammengedrückte, eindringende Lamelle in einen weiten Canal umgewandelt wird. Der Mundrand ist verdickt, etwas ausgebreitet, der Aussenrand bogig und nach unten vorgezogen; der Spindelrand wird von einem nach oben gerichteten kurzen Canal durchbrochen und springt über demselben zungenförmig vor.

SEMPER entdeckte diese schöne Pupine bei Bislig auf der Insel Mindanao und sammelte sie später auch bei La Isabela de Basilan und bei Pulobatu. — Eine sehr nahe verwandte Form (Pupina Vescoi Morelet) findet sich bei Pulo Condor in Hinterindien. Beide nebst der sumatranischen Pupina superba Pfr. bilden eine eigene Gruppe innerhalb der Gattung.

2. Pupina bicanaliculata Sowerby.

Testa ovato-acuminata, tenuiuscula, pellucida, laevigata, nitida, fulvescens vel hyalina; anfractus 6, ultimus spira brevior, regulariter descendens; sutura distincta, impressa; apertura subverticalis, circularis, superne canaliculata; paries aperturalis juxta insertionem marginis dextri lamella parva, erecta munitus; columella obliqua angustissime incisa; peristoma simplex, margine dextro vix incrassato. — Operculum succineum. — L. PFEIFFER.

Pupina bicanaliculata SOWERBY, Proceed. Zool. Soc. Lond. 1841, pag. 103. — Thesaurus Conchyl., pag. 19, Tab. 4, Fig. 1. — PFEIFFER, in: MARTINI-CHEMNITZ, ed. II, pag. 204, Tab. 27, Fig. 19, 20. — Monograph. Pneumonopom. I, pag. 113.

Von CUMING auf der Insel Zebu entdeckt, unter SEMPER's Ausbeute nicht enthalten. Sie gehört einer vorwiegend in Melanesien herrschenden Formengruppe an, die aber auch in Hinterindien ziemlich entwickelt ist.

Genus Callia Gray.

Testa pupaeformis, callo nitido obducta; peristoma subcontinuum, rectum, vix incrassatum, margine columellari integro, superne appresse reflexo, perforationem juniorum in adultis omnino claudente.

Pfeiffer hat in dem dritten Supplement seiner Monographie die Gattung Callia wieder zu Pupina gezogen; da aber die philippinische Art mit den drei anderen, welche auf den Molukken und auf der australischen Lizard-Insel vorkommen, dort doch eine eigene Untergattung bilden muss, scheint es schon aus Rücksicht auf das Studium der Molluskengeographie angezeigt, die Gattung Callia so gut wie Registoma anzuerkennen. Sie unterscheidet sich von Registoma, mit welcher sie das eigenthümlich glänzende Gehäuse gemein hat, durch den bei ausgewachsenen Exemplaren völlig verschwindenden Schlitz, sowie durch den häutigen Deckel.

1. Callia lubrica Sowerby.

Testa obtecte perforata, ovato-acuta, glabra, nitida, pellucida, fulvescenti-hyalina; anfractus 5 convexiusculi, ultimus spira multo brevior, ascendens; sutura impressa, callosa; apertura subcircularis, subverticalis, basi protracta; columella brevis, fornicata, perforationem plane tegens, cum peristomate angulum obtusum formans, nec incisa; peristoma obtusum, expansiusculum. — Operculum fulvidum, tenue, membranaceum, arctispirum. — L. Pfr.

Alt. 7—11, diam. 1—6 mm.

Pupina lubrica Sowerby, Proceed. Zoolog. Soc. Lond., 1841. pag. 102. — Thesaurus Conchyl. pag. 18. Tab. 1. Fig. 12, 13. — Reeve, Conchol. Systemat. II, Tab. 181. Fig. 9, 10. — Sowerby, Conchol. Manual pag. 90. Fig. 528. — Pfeiffer, Monogr. Pneumonop. IV, pag. 154.
Callia lubrica Pfeiffer, Zeitschr. für Malakozool. 1847. pag. 110. — Martini-Chemnitz, ed. II, pag. 207. Tab. 27, Fig. 30—33. — Monogr. Pneumonopom. I, pag. 118. Chenu, Manuel Vol. I, Fig. 3631.

Gehäuse bedeckt durchbohrt, spitzeiförmig, glatt, glänzend, durchsichtig, durchscheinend weisslich-gelb. Die fünf Umgänge sind ziemlich gewölbt; die oberen bilden ein kurz-kegelförmiges Gewinde mit leicht abgestumpftem Apex; der letzte Umgang ist kürzer, als das Gewinde, und steigt nach der Mündung hin empor; die Naht ist eingedrückt, schwielig. Die Mündung ist nahezu kreisrund, unten stark vorgezogen, so dass sie eigentlich nicht, wie in der Pfeiffer'schen Diagnose, subverticalis genannt werden kann. Die Spindel ist kurz, tutenförmig umgeschlagen, so dass sie die Perforation vollständig überdeckt; sie bildet mit dem stumpfen, nur wenig ausgebreiteten Peristom einen stumpfen Winkel und zeigt keinerlei Einschnitt. Der Deckel ist dünn, häutig, gelbbraun, mit vielen Windungen.

Cuming nennt diese Art von Luzon, Panay und Siquijor; in Semper's Ausbeute liegt sie von Mariveles in 1500—3000' Höhe: eine etwas bauchigere Form mit weniger vorgezogenem Mundrand und eine etwas kleinere Varietät von der Spitze des Arayat. Alle drei Formen gehören zu Pfeiffer's var. minor und sind nicht über 7 mm lang. — Von Arayat liegen auch zahlreiche junge Exemplare vor, die täuschend wie Hyalinen aussehen.

2. Callia microstoma n. sp.

Taf. 7 Fig. 22.

Testa imperforata, oblique et irregulariter ovata, glabra, nitida, pellucida, fulvescenti-hyalina. Anfractus 5 subirregulariter contorti, primi minimi, penultimus subgibbus, ultimus spiram multo superans, ad aperturam compressus, descendens. Apertura parva, circularis, dextrum versus porrecta, margine subincrassato, albido, continuo, integro, columellari in callum, regionem umbilicalem omnino tegentem abiens.

Alt. 3,4—4 mm.

Gehäuse undurchbohrt, unregelmässig schräg eiförmig, von hinten ganz wie ein Streptaxis aussehend, glatt, glänzend, durchsichtig, gelblich glasartig. Es sind fünf unregelmässig gewundene Umgänge vorhanden. Die oberen drei bilden ein niedrig kegelförmiges, kleines Gewinde, der vorletzte ist verbreitert und unregelmässig gewölbt, der letzte macht den grösseren Theil des Gehäuses aus, ist erheblich nach rechts vorgezogen, steigt nach der Mündung herab und ist dort abgeflacht. Die kreisrunde Mündung ist auffallend klein und soweit nach aussen gerückt, dass ihr Innenrand noch knapp in die Mittellinie fällt: der Mundrand ist zusammenhängend, etwas verdickt, weisslich, ohne Spalt oder Röhre; an den Spindelrand schliesst sich ein halbkreisförmiger Callus, welcher die Nabelgegend völlig verdeckt.

Ich kann diese von Semper bei Bislig auf Mindanao aufgefundene kleine Art unmöglich zu Callia lubrica bringen und auch mit keiner der als Registoma beschriebenen Formen vereinigen.

Genus Registoma Hasselt.

Testa ovata, polita, callosa; apertura circularis, subintegra; peristoma subreflexum, margine parietali tenui, simplici, columellari medio dissecto, canaliculato. — Operculum circulare, tenue, corneum, arctispirum.

1. Registoma fuscum Gray.

Testa ovato-acuminata, glaberrima, nitida, pellucida, brunnescenti-fulva. Anfractus 6½—7 convexi, ultimus penultimo angustior, ½ longitudinis non aequans; sutura simplex, leviter callosa; columella brevis, convexiuscula, incisura subhorizontali in foramen subtriangulare, dorso testae non conspicuum desinente terminata. Apertura majuscula, circularis, subverticalis; peristoma dilatatum, complanatum, undique expansum, aurantiacum vel luteum, margine basali perarcuato.

Long. 11, diam. 5½ mm.

Pupina fusca GRAY, Ann. Nat. Hist. VI, 1840, pag. 77.
Pupina vitrea SOWERBY, Proceed. Zool. Soc. Lond. 1841, pag. 102. - Thesaurus Conch. pag. 10, Tab. 4, Fig. 6, 7. - Manual ed. II, Fig. 524. — REEVE, Concholog. system., Vol. II, Tab. 184, Fig. 1, 2. — PFEIFFER, in: MARTINI-CHEMNITZ, ed. II, pag. 203, Tab. 27, Fig. 9—12. — DESHAYES, Traité élément. Conch. Tab. 82, Fig. 9—12.
Registoma fuscum GRAY, Catal. Cyclophor. pag. 32. — PFEIFFER, Monogr. Pneumonopom. Vol. I, pag. 147.

Gehäuse spitz eiförmig, sehr glatt und glänzend, bräunlich-gelb, durchsichtig. Es sind ziemlich sieben Umgänge vorhanden; sie sind gewölbt und werden durch eine einfache, leicht schwielige Naht geschieden; der letzte ist etwas schmäler, als der vorletzte und nimmt nicht ein Drittel des Gehäuses ein. Die Mündung ist relativ gross, fast senkrecht, doch unten vorgezogen; Mundsaum weiss, gelb oder orangefarben, durch eine concave Schwiele auf der Mündungswand zusammenhängend, verbreitert, abgeflacht, nach allen Seiten ausgebreitet; die Spindel ist kurz, gewölbt, mit horizontalem Einschnitt, der nach aussen in ein dreieckiges Loch ausgeht, das aber von hinten her nur als eine ganz schwache Kerbe am Rande erkennbar ist.

CUMING entdeckte diese Art auf Luzon und Mindanao. In SEMPER'S Ausbeute liegt sie von Mariveles (1500—3000' Meereshöhe), von Alpaco auf Zebu (1000—1200'), aus Nord-Luzon, aus der Sierra Bullones auf Bohol, von Bislig auf Mindanao und von Camiguin nördlich von Mindanao.

2. Registoma grande Gray.

Testa ovato-cylindracea, apice obtusa, glabra, nitidissima, subdiaphana, sulphurea, citrina vel dancino-rubicunda; anfractus 5 convexi, ultimus spira brevior, devians, subplanulatus, antice castaneo-limbatus; sutura impressa, subsimplex; apertura axi obliquo parallela, subangulato-circularis; columella dilatata, plana, suboblique incisa; incisura ad marginem foraminulum apertum, extus costam parum prominentem formante; peristoma undique late expansum, obtusum. — L. PFR.

Long. 11—12, diam. 7—8 mm.

Pupina grandis GRAY, Ann. nat. hist. 1840, VI, pag. 77, nec FORBES.
Pupina Nunezii SOWERBY, Proc. Zool. Soc. 1841. pag. 101. — Thesaurus Conch. pag. 17,
    Tab. 4, Fig. 8—11. — REEVE, Conch. system. II, Tab. 181. Fig. 5. 6. —
    PFEIFFER. in: MARTINI-CHEMNITZ. ed. II, pag. 201, Tab. 27, Fig. 1—6. —
    CHENU. Manuel. Vol. I. Fig. 3627, 28 (Registoma).
Pupina Namezii (error) SOWERBY, Conchol. Man. ed. II, Fig. 527.
Pupina aurantia MÖRCH, Cat. Yoldi, pag. 9, Nr. 205.
Moulinsia Nunezii GRATELOUP, Actes Soc. Bordeaux, XI, pag. 429. Tab. 3, Fig. 22, 23.
Registoma grande GRAY. Catal. Cycloph. pag. 32, Nr. 1. — PFEIFFER. Monogr. Pneumo-
    nopomor. I, pag. 145. — ADAMS, Genera, pag. 289, Tab. 86, Fig. 7. —
    TROSCHEL, Gebiss der Schnecken, I, pag. 68, Tab. 4. Fig. 7.
Juv.   Helix problematica PFEIFFER. in: MARTINI-CHEMNITZ, ed. II, pag. 471, Tab. 157,
    Fig. 3. 4. — MARTENS, Malac. Bl. X, 1863, pag. 86.

Diese bekannte Art, auf die ich nicht weiter einzugehen brauche, liegt vor von
Tabonga, Lianga, Palape auf Samar, Mindanao und Pintayan; besonders dunkle, röthlich
gefärbte Stücke von Leyte. Ausser in der Färbung erscheint die Art sehr wenig variabel.
Nach CUMING bewohnt sie Luzon, Samar, Catanduanos, Siquijor und Leyte.

3. Registoma ambiguum O. Semper.

Taf. 7 Fig. 20, 21.

Testa imperforata, ovato-elongata, glabra, nitida, subpellucida, flavido-grisea; aperturam versus aurantiaca; spira subacuminata, mamillata; anfractus 5½, convexiusculi,
superiores regulariter crescentes, mediani inflatuli, ultimus spira brevior, descendens; sutura impressa, filomarginata, callosa; columella parva, in adultis angulum obtusum cum
peristomate formans, in adolescentibus incisura obliqua a peristomate disjuncta; apertura
subascendens, subcircularis, verticalis, basi non protracta; peristoma incrassatum, aurantiacum. — Operculum corneum, tenue, arctispirum, suturis leviter elevatis, iutus medio
papillatum. — O. SEMPER.

Alt. 8. diam. 4,25 mm.

Registoma ambiguum O. SEMPER, in Journal de Conchyliologie, XIII, 1865, pag. 406,
    Tab. 12, Fig. 9. — Proceed. Zoolog. Soc. Lond. 1864, pag. 251.
Pupina (Registoma) ambigua PFEIFFER. Monogr. Pneumonopom. IV, pag. 152.

Gehäuse undurchbohrt, lang eiförmig, mit rasch verschmälerter, oben zitzenförmig
vorspringender Spitze, glatt, glänzend, fast durchsichtig gelbgrau, nach der Mündung hin
orangefarben. Es sind 5½ Umgänge vorhanden, die oberen regelmässig zunehmend, die
mittleren aufgeblasen und breiter als der letzte, welcher kürzer als das Gewinde ist und

vornen herabsteigt. Die Naht ist eingedrückt und fadenförmig berandet, etwas schwielig. Die Mündung ist kreisrund, senkrecht, unten nicht vorgezogen; unmittelbar vor ihr steigt die Naht etwas an; der Mundrand ist zusammenhängend, verdickt, leicht ausgebreitet, orangefarben; ausgewachsene Exemplare haben keinen Einschnitt in der Spindel, bei jungen dagegen ist sie ganz wie bei den Registomen gebildet; man kann darum zweifelhaft sein, ob man die Art zu Callia oder zu Registoma stellen soll, und SEMPER's Name spielt darauf an.

Aufenthalt bei Paucian auf Nord-Luzon.

4. Registoma pellucidum Sowerby.

Testa oblique ovata, apice obtusa, glaberrima, pellucida, fulvescens; anfractus 5½, supremi depressi, penultimus prominens, ultimus spira brevior, devians, antice breviter ascendens; sutura subsimplex; columella planata, retrorsum curvata, canali subtecto in foramen apertum desinente perforata; apertura axi parallela, subcircularis; peristoma subincrassatum, undique breviter expansum. — Operculum tenue, fulvescens, extus concavum, intus medio papillatum.

Alt. 7,5, diam. 5 mm.

Pupina pellucida SOWERBY, Proceed. Zoolog. Soc. London 1841, pag. 102. — Thesaurus pag. 17, Tab. 4, Fig. 18—20. — PFEIFFER, in: MARTINI-CHEMNITZ, ed. II, pag. 202, Tab. 27, Fig. 17, 18. — Monogr. Pneumonopom. IV, pag. 152. Registoma pellucidum GRAY, Catal. Cyclostom. pag. 52. — PFEIFFER, Monogr. Pneumonopom. I, pag. 146.

Gehäuse schräg eiförmig mit stumpfer Spitze, sehr glatt und glänzend, durchsichtig gelblich. Es sind 5½ etwas unregelmässig aufgewundene Umgänge vorhanden; die oberen sind gedrückt und bilden ein kleines flachkegelförmiges Gewinde, der vorletzte ist verbreitert und springt mit unregelmässiger Wölbung vor, der letzte ist kürzer als das Gewinde, schief aufgewunden, vorn plötzlich etwas ansteigend. Naht einfach, kaum schwielig. Die Mündung ist in derselben Weise schräg, wie die Gehäuseachse, unten stark vorgezogen, ziemlich kreisrund; der Mundrand ist leicht verdickt und kurz ausgebreitet; die Spindel ist abgeflacht, nach hinten gekrümmt, mit einem engen, fast überdeckten Schlitz, welcher nach aussen in ein offenes Loch mündet.

Von CUMING auf Luzon und Zebu gefunden. SEMPER hat diese Art von Mariveles, vom Arayat und von Abbatnan auf Luzon und von Alpaco auf Zebu.

5. Registoma exiguum Sowerby.

Testa imperforata, pupaeformis, tenuis, laevigata, pellucida, albido-vitrea; spira superne breviter conica, acutiuscula. Anfractus 5½ vix convexiusculi, sutura callosa juncti, ultimus basi attenuatus. Apertura subcircularis, basi ultra axin procedens; peristoma sub-incrassatum, expansiusculum, margine columellari dilatato, truncato, incisura obliqua, angusta a basali separato. — Operculum solidiusculum, albidum, extus concavum. — Pfr. Alt. 7, diam. vix 2 mm.

Pupina exigua Sowerby. Proc. Zool. Soc. Lond. 1841, pag. 103. — Thesaurus Conchyl. pag. 18, Tab. 4, Fig. 17. — Pfeiffer, in: Martini-Chemnitz, ed. II, pag. 204, Tab. 30, Fig. 38. — Monograph. Pneumonopom. IV, pag. 152.
Registoma exiguum Gray, Catal. Cyclophor. pag. 33. — Pfeiffer, Monograph. Pneumo-
. nopom. I. pag. 147.

Von Cuming bei S. Nicolas auf Zebu entdeckt, in Semper's Ausbeute nicht vertreten.

6. Registoma simile Sowerby.

Testa ovata, subelongata, apice acutiuscula, glabra, nitida, pellucida, pallide ful-vescens; anfractus 6 planiusculi, ultimus ⅓ longitudinis vix aequans; sutura linearis, sub-simplex; columella incrassata, fornicata, incisura obliqua profunda in foramen dorso testae conspicuum desinente a peristomate separata: apertura subverticalis, basi protracta, circu-laris; peristoma undique incrassatum, expansum, lutescente-albidum. — Pfeiffer.
Alt. 11, diam. 5½ mm.

Pupina similis Sowerby, Proceed. Zool. Soc. Lond. 1841, pag. 102. — Thesaurus Conchyl. pag. 18, Tab. 4, Fig. 4, 5. — Reeve, Concholog. systemat. Vol. II, Tab. 181, Fig. 3, 4. — Pfeiffer, in: Martini-Chemnitz, ed. II, pag. 202, Tab. 27, Fig. 13, 14. — Monogr. Pneumonopom. IV, pag. 151.
Registoma simile Gray, Catal. Cyclophor. pag. 32. — Pfeiffer, Monogr. Pneumonopom. I. pag. 146.

Von Cuming bei Bolino in der Provinz Zambales auf Luzon entdeckt, unter Semper's Ausbeute nicht vertreten.

HELICINEA.

Genus Helicina Lamarck.

Testa heliciformis, turbinata, globosa vel depressa, basi circa columellam sub-planulatam, strictiusculam callosa; apertura triangulari-semiovalis, integra, peristoma simplex, rectum vel incrassatum, saepe late expansum. — Operculum non spiratum, sub-semiovale, membranaceum vel testaceum.

1. Helicina agglutinans Sowerby.

Testa depresso-conica, tenuiuscula, confertim striata, lutea; spira late conica, acuta; anfractus 5 planiusculi, ultimus carinatus, antice vix descendens, basi planiusculus; apertura perobliqua, subquadrilateralis; columella brevis, subexcavata, basi extrorsum angulata; peristoma tenue, margine supero vix expansiusculo, basali breviter reflexo; callus basalis tenuis; carina juniorum appendice laciniata e rupium fragmentis agglutinatis alata. — Operculum testaceum, trapezio-semiovale.

Diam. maj. 17, min. 15, alt. 9,5 mm.

Helicina agglutinans Sowerby. Proceed. Zool. Soc. 1842, pag. 7. — Thesaurus Conchyl. pag. 11, Tab. 2, Fig. 83—85. — Reeve, Conchol. systemat. Vol. II, Tab. 186, Fig. 11, 12. — Pfeiffer, in: Martini-Chemnitz, ed. II, pag. 56, Tab. 2, Fig. 16—18. — Monogr. Pneumonopom. I, pag. 394.

Von Cuming auf Guimaras, Bohol und Panay gefunden, aber unter Semper's Ausbeute nicht vertreten.

2. Helicina acutissima Sowerby.

Taf. 7 Fig. 30.

Testa depresso-conica, solidula, oblique confertim striata, opaca, flava unicolor vel fasciis nonnullis rubris ornata; spira late conica, acuta; anfractus vix 5 plani, acute carinati, ultimus vix infra carinam descendens; apertura perobliqua, trapezia, intus concolor; columella brevis, dilatata, extus obsoletissime tuberculata; peristoma expansum.

latere dexto angulatum, margine supero tenui basali incrassato: callus basalis tenuis diffusus. — Operculum testaceum, trapezium. — L. PFR.

Diam. maj. 16, min. 14, alt. 8½ mm.

Helicina acutissima SOWERBY. Proc. Zool. Soc. Lond. 1842, pag. 6. — Thesaurus Conchyl. pag. 10, Tab. 2, Fig. 92—95. — Conchol. Man. ed. II, Fig. 532, 533. — REEVE, Concholog. systemat. Vol. II, Tab. 186, Fig. 2. — PFEIFFER, in: MARTINI-CHEMNITZ. ed. II, pag. 57, Tab. 2, Fig. 7—11. — Monograph. Pneumonopom. I. pag. 395.

Gehäuse niedergedrückt kegelförmig, ziemlich festschalig, schräg und dicht gestreift, undurchsichtig, wenig glänzend, einfarbig blassgelb oder mit rothen Binden verschiedenartig geziert, am häufigsten mit einer breiten Binde unter dem Kiel; das Gewinde bildet einen breiten Kegel mit spitzem, etwas zitzenförmigem Apex. Es sind kaum 5 Umgänge vorhanden; dieselben sind flach und scharf gekielt; der letzte trägt einen ganz scharfen, von beiden Seiten her blattartig zusammengedrückten Kiel und steigt vorn nicht oder nur ganz wenig herab: er ist unten nur wenig gewölbt und trägt einen ganz dünnen diffusen Callus. Die Mündung ist in Folge des stark vorgezogenen Oberrandes sehr schief rundlich dreieckig mit scharfem Aussenwinkel oder etwas trapezförmig, innen gelblich; die Spindel ist kurz, oben verbreitert, aussen mit einem ganz schwachen Höcker; Mundsaum ausgebreitet, oben vorgezogen, dünn, aber innen mit einer schwachen Lippe belegt, der Basalrand leicht verdickt. — Deckel schalig, unregelmässig rhombisch.

Diese Art ist auf den Philippinen ziemlich verbreitet. CUMING fand sie auf Bohol, Siquijor und Zebu. — SEMPER hat sehr schöne Exemplare aus der Sierra Bullones auf Bohol, ferner von Vilar, von Alpaco auf Zebu, von Guindulman auf Bohol.

3. Helicina Caroli n. sp.

Taf. 7 Fig. 26, 27.

Testa depresse conica, solida, opaca, griseo-albida, supra oblique striato-costulata, costulis carinam versus distinctioribus, subtus laevior; spira late conica, vertice obtusulo, lutescenti. Anfractus vix 5 planiusculi, acute carinati, ultimus supra leviter convexus, carina acuta compressa subserrata cinctus, basi vix convexiusculus, obscure ferrugineo fasciatus. Apertura valde obliqua, triangularis: peristoma incrassatum, supra productum, infra reflexiusculum; columella brevis, basi levissime tuberculata, supra in callum tenuissimum saturate castaneum super parietem aperturalem dilatata; fauces pone peristoma saturate castaneo limbatae. — Operculum corneum tenue.

Diam. maj. 15, min. 12, alt. 9 mm.

Gehäuse gedrückt kegelförmig, festschalig, undurchsichtig, nicht glänzend, grauweiss mit gelblichem Apex, obenher stark und unregelmässig rippenstreifig; die Rippchen

sind sehr schräg gerichtet und nehmen nach der Kante hin an Stärke zu, so dass die
Kante fein gesägt erscheint: auf der Unterseite sind sie schwächer. Es sind kaum fünf
Umgänge vorhanden; die oberen sind fast flach und zeigen längs der Naht die Spuren
eines scharfen Kiels, der letzte ist obenher etwas gewölbt, dann zu einem scharfen, beiderseits abgesetzten, leicht gesägten Kiel zusammengedrückt, die Unterseite nicht gewölbt;
er steigt vorn nicht herunter. Die Mündung ist durch den stark vorgezogenen Oberrand
sehr schräg, dreieckig, ziemlich stark ausgeschnitten; der Mundrand ist verdickt, weisslich oder gelblich, der Oberrand vorgezogen, nach unten hin etwas ausgebreitet, der
Basalrand kurz umgeschlagen. Die Spindel ist ganz kurz, am unteren Ende mit einem
ganz leichten Höcker, nach oben geht sie in einen dünnen, diffusen, kastanienbraunen
Callus über, welcher die ganze Mündungswand einnimmt; auch der Gaumen hat unmittelbar hinter dem Mundrand einen breiten kastanienbraunen Saum. Die Färbung bildet
sich übrigens erst bei ganz ausgewachsenen Exemplaren aus.

Aufenthalt bei Si-Aigar.

Eine hübsche Art mit undurchsichtigem Gehäuse, eigenthümlicher Skulptur und
kastanienbrauner Nabelschwiele, von allen anderen philippinischen Arten sehr erheblich
verschieden. Von Helix acutissima, der sie noch am nächsten steht, unterscheidet sie
ausser der Callusfärbung schon die viel stärker gewölbte Unterseite genügend.

1. Helicina Rosaliae Pfeiffer.

Testa lenticularis, solida, acute carinata, oblique subtilissime striatula, lutescens;
spira breviter conoideo-elevata; sutura linearis. Anfractus 1½ plani, non exserti, ultimus
albo-carinatus, basi convexus, medio callo nitido, citrino, parvo, circumscripto munitus.
Apertura perobliqua, subtriangularis; columella brevissima, tuberculo minuto terminata;
peristoma callosum album, margine supero vix expansiusculo, basali arcuato, reflexiusculo.
Diam. maj. 8, min. 6, alt. 4 mm.

Helicina Rosaliae Pfeiffer, Journal de Conchyliologie, Vol. XI, 1863, pag. 72, Tab. 2,
Fig. 5. — Monogr. Pneumonopom. III, pag. 213, Nr. 1520.

Gehäuse niedrig kegelförmig, fast linsenförmig, für ihre geringe Grösse festschalig,
ganz fein schräg gestreift, gelblich; Gewinde kurz kegelförmig mit linienförmiger Naht.
Es sind 1½ flache Umgänge vorhanden, welche nicht übereinander vorspringen; der letzte
trägt einen weissen Kiel; er ist auf der Unterseite gewölbt und hat in der Mitte einen
kleinen, scharfumschriebenen, glänzenden citronengelben Callus. Die Mündung ist sehr
schräg, fast dreieckig, die Spindel ist sehr kurz, unten mit einem ganz kleinen Endhöcker;
der Mundrand ist schwielig, weiss, der Oberrand kaum etwas ausgebreitet, der Spindelrand gebogen und zurückgeschlagen.

Diese Art, welche den kleinen Formen der Helicina acutissima ziemlich nahe kommt, wurde von PFEIFFER als von den Philippinen ohne nähere Fundortsangabe stammend beschrieben.

5. Helicina Lazarus Sowerby.

Testa depresse conica, solidula, ruditer striata et granulosa, opaca, citrina; spira elevata, acutiuscula: anfractus 5½ fere plani, ultimus carinatus, utrinque aequaliter subconvexus, antice vix descendens; apertura perobliqua, subtriangularis; columella brevissima, basi extus angulata, lineam arcuatam, callum tenuem cingentem emittens; peristoma simplex, tenue, vix expansiusculum. -- L. PFR.

Diam. maj. 9²⁄₃, min. 8,5, alt. 5 mm.

Helicina Lazarus SOWERBY, Proc. Zool. Soc. Lond. 1842, pag. 7. — Thesaurus Conchyl. pag. 11, Tab. 2, Fig. 91. — PFEIFFER, Monograph. Heliceor. I, pag. 396. — MARTINI-CHEMNITZ, ed. II, pag. 58, Tab. 7, Fig. 18, 19.

Gehäuse niedergedrückt kegelförmig, festschalig, mit rauhen, schrägen, etwas gekörnelten Rippenstreifen, undurchsichtig, trüb citronengelb. Gewinde ziemlich hoch mit spitzem Apex. Es sind über fünf flache Umgänge vorhanden, der letzte ist gekielt und auf beiden Seiten gleichmässig etwas gewölbt; er steigt vornen kaum herab. Die Mündung ist sehr schief, beinahe dreieckig, mit einer kurzen Spindel, welche an der Insertion eine nach aussen vorspringende Ecke bildet, von welcher eine feine Linie ausläuft, welche den dünnen ausgebreiteten Callus umzieht: der Mundrand ist einfach, dünn, nur leicht ausgebreitet.

CUMING entdeckte diese Art auf Luzon. — SEMPER hat sie von Palauan, ferner von Digallorin, vom Arayat, von Cagayan, von Temple bei Burias, von Burias selbst und von Ambukuk.

6. Helicina trochiformis Sowerby.

Testa trochiformis, solida, oblique striatula, opaca, pallide straminea; spira conica, acuta; anfractus 4½ plani, acute carinati (carina subexserta), ultimus basi subplanus, antice descendens; apertura perobliqua, subtriangularis; columella brevis, simplex; peristoma tenue, undique expansum, latere dextro vix angulatum. — L. PFR.

Diam. maj. 8, min. 7, alt. 5 mm.

Helicina trochiformis SOWERBY, Proceed. Zoolog. Soc. Lond. 1842, pag. 7. — Thesaurus Conchyl. pag. 10, Tab. 2, Fig. 90. — PFEIFFER, in: MARTINI-CHEMNITZ, ed. II, pag. 59, Tab. 2, Fig. 12, 13. — Monogr. Pneumonopom. I, pag. 397.

Zwei Exemplare von Panaon auf Pintajan scheinen mir zu dieser Art zu gehören. Das Gehäuse ist kreiselförmig, erheblich höher als bei Hel. Lazarus, welcher die Form sonst am nächsten steht, festschalig, schräg gestreift, blass strohgelb; Gewinde kegelförmig mit spitzem Apex. Es sind nur 1½ Umgänge vorhanden, die mit einem scharfen, leicht über die Naht vorspringenden Kiel versehen sind; der letzte steigt vornen herab und ist an der Basis wenig gewölbt. Die Mündung ist schräg, fast dreieckig, die Spindel kurz, einfach, der Mundrand dünn und allenthalben ausgebreitet.

Cuming entdeckte diese Art auf Negros.

7. Helicina acuta Pfeiffer.

Taf. 7 Fig. 31.

Testa depresse conica, solidula, oblique confertim striata et subgranulata, opaca, lutea, superne rubro-unifasciata; spira conoidea, acuta, mucronata; anfractus fere 6 planiusculi, acute carinati, ultimus antice vix descendens, basi planiusculus; apertura perobliqua, subtriangularis; columella subverticalis, brevissima, basi angulata, superne in callum basalem tenuissimum abiens; peristoma simplex, aurantiacum, margine supero subrecto, basali subincrassato.

Diam. maj. 15, min. 12½, alt. 7,5 mm.

Helicina acuta Pfeiffer, Proceed. Zool. Soc. Lond. 1848, pag. 119. — Martini-Chemnitz. ed. II, pag. 58, Tab. 8, Fig. 16—17. — Monogr. Pneumonopom. I, pag. 396.

Gehäuse gedrückt kegelförmig, ziemlich festschalig, schräg und dicht gestreift, unter der Loupe etwas gekörnelt, undurchsichtig, gelblich, obenher mit einem breiten rothen Bande. Gewinde kegelförmig, spitz, mit vorspringendem Apex. Es sind beinahe sechs Umgänge vorhanden; sie sind flach, scharf gekielt, der letzte vorn kaum herabsteigend, an der Basis nur ganz schwach gewölbt, die Mündung ist sehr schräg, fast dreieckig, die Spindel senkrecht, ganz kurz; sie geht oben in einen ganz dünnen ausgebreiteten Callus über, unten bildet sie mit dem Mundrand eine scharfe Ecke. Der Mundsaum ist einfach, lebhaft orangefarben; der Oberrand ist fast gerade, der untere verdickt und etwas umgeschlagen.

Cuming entdeckte diese Art bei Sibonga auf Zebu. — Semper hat sie von Palapa auf Samar; eine besonders lebhaft gezeichnete Form von Si-Aigar.

8. Helicina Amaliae n. sp.

Taf. 7 Fig. 25.

Testa depresse conica, tenuis, pellucens, tenuissime striatula, flava unicolor, spira brevi, subconoidea; sutura marginata. Anfractus 5 plani, sat celeriter crescentes, ultimus acute angulatus, carina albida, filiformi, utrinque subaequaliter convexus. Apertura parum obliqua, ovato-triangularis; columella brevis, basi truncata, angulatim in marginem basalem abiens; peristoma simplex, breviter expansum, basale brevissime reflexum; callus parietalis parum circumscriptus.

Diam. maj. 14.5, min. 12, alt. 8.5 mm.

Diese Form lässt sich ganz kurz als eine scharf gekielte Helicina citrina bezeichnen, aber sie muss doch wohl einen eigenen Namen haben. Das Gehäuse ist gedrückt kegelförmig, dünnschalig, durchscheinend, sehr fein gestreift, einfarbig gelblich, mit kurzem niederem, flach kegelförmigem Gewinde. Die Naht ist einfach, durch den Kiel bezeichnet. Die fünf Umgänge sind flach und nehmen rasch zu; der letzte ist scharf gekielt mit einem weisslichen fadenförmigen Kiel, oben und unten ziemlich gleichmässig gewölbt. Die Mündung ist kaum schräg, eiförmig dreieckig; die Spindel ist kurz, unten abgestutzt, mit dem Basalrand einen Winkel bildend; der Mundrand ist einfach, kurz ausgebreitet, am Basalrand kurz umgeschlagen; der Callus ist wenig deutlich.

Aufenthalt bei Jihon und bei San Juan di Sarigao von Prof. SEMPER gesammelt; auch bei Mainit auf Mindanao kommt sie vor.

Unter der ganzen reichen Helicinen-Suite SEMPER's sind keine Zwischenformen zwischen dieser scharf gekielten Art und der immer nur stumpfkantigen Helicina citrina.

9. Helicina citrina Grateloup.

Taf. 7 Fig. 24.

Testa subdepressa, tenuis, striatula, subdiaphana, unicolor citrina; spira brevis, subconoidea. Anfractus 5 planiusculi, sat celeriter crescentes, ultimus magis minusve depressus et subangulosus, basi convexior. Apertura vix obliqua, late semiovalis, supra leviter depressa; columella brevis, basi truncata, angulatim in peristoma simplex, breviter expansum abiens, in callum dilatatum parum circumscriptum supra dilatatus. — Operculum extus testaceum, intus costa elevata alba munitum.

Diam. maj. 16, min. 12,5, alt. 10 mm.

Helicina citrina GRATELOUP, in: Actes Bordeaux, Vol. II, pag. 113, Tab. 3, Fig. 15. — PFEIFFER, in: MARTINI-CHEMNITZ, ed. II, pag. 45, Tab. 3, Fig. 4—9; Tab. 7, Fig. 1, 2. — Monogr. Pneumonopom. I, pag. 397, Nr., 651. — (Pachystoma) FRAUENFELD, Verhandl. zool. botan. Ges. Wien, Vol. XIX. 1869, pag. 879. Helicina polita SOWERBY, Proc. Zoolog. Soc. Lond. 1842, pag. 7. — Thesaurus Conchyl. pag. 8, Tab. 2, Fig. 76—81. — REEVE, Conchol. system. II, Tab. 186, Fig. 9.

Gehäuse etwas niedergedrückt, dünnschalig, fein und dicht gestreift, ohne Spiralskulptur, etwas durchscheinend, einfarbig citronengelb; Gewinde niedrig, etwas kegelförmig. Die fünf Umgänge sind kaum gewölbt und nehmen ziemlich rasch zu; der letzte ist immer mehr oder minder zusammengedrückt und bald deutlicher, bald weniger deutlich kantig; die Unterseite ist stärker gewölbt, als die Oberseite. Die Mündung ist nur wenig schief, breit halbeirund, meist obenher etwas abgeflacht: die Spindel ist kurz, unten abgestutzt und in einem auffallenden Winkel mit dem einfachen kurz ausgebreiteten Mundrand verbunden; nach oben geht sie in einen breiten, kreisrunden, aber kaum abgegrenzten Callus von gelblicher Färbung über. — Der Deckel hat innen eine vorspringende weisse Leiste, aber eine purpurne Färbung der Innenseite, wie sie PFEIFFER in seiner Diagnose angibt, habe ich nicht beobachtet.

Aufenthalt auf den Philippinen, anscheinend ziemlich verbreitet. CUMING sammelte sie auf Luzon, Mindanao und Zebu, SEMPER bei Manila und auf Alabat.

10. Helicina Crossei Semper.

Taf. 7 Fig. 28. 29.

Testa subconoideo-depressa, tenuiuscula, conferte striatula, nitida, aurantia: spira conoideo-subelevata, vertice subpapillari. Anfractus 4½ planiusculi, modice accrescentes, ultimus peripheria obsoletissime subangulosus, basi convexus, callo circumscripto nitido munitus. Apertura parum obliqua, subsemicircularis: columella brevis, callosa, subtruncata: peristoma igneum, breviter expansum, margine basali cum columella angulum formante. — Operculum albido-margaritaceum. — L. PFR.

Diam. maj. 11,5, min. 9,5, alt. 7 mm.

Helicina Crossei SEMPER in sched. — PFEIFFER, Monograph. Pneumonopom. III, pag. 233.

Gehäuse ziemlich niedergedrückt, etwas kegelförmig, ziemlich dünnschalig, dicht und fein gestreift, glänzend, orangegelb; Gewinde etwas kegelförmig erhoben mit leicht zitzenförmig vorspringendem Apex. Es sind nur 1½ Umgänge vorhanden: sie sind ziemlich flach und nehmen mässig rasch zu; der letzte ist sehr undeutlich kantig, die Unterseite gewölbt und mit einem gut umschriebenen Callus bedeckt. Die Mündung ist nur wenig schief, unregelmässig halbkreisförmig, die Spindel schwielig, kurz, leicht abgestutzt, der Mundsaum feurig gelb, kurz ausgebreitet: der Basalrand bildet mit der Spindel einen deutlichen Winkel. — Der Deckel ist an der Aussenfläche perlmutterglänzend, was übrigens auch bei dem von Hel. citrina mitunter vorkommt.

Aufenthalt bei Digallorin auf Luzon, von SEMPER entdeckt; auch bei Palanan auf Nord-Luzon gefunden.

Diese Art steht der Helicina citrina in ihren kleineren Formen ziemlich nahe, ist aber kaum andeutungsweise kantig und hat darum auch eine halbrunde, nicht eine dreieckige Mündung.

11. Helicina parva Sowerby.

Testa turbinato-depressa, solidula, laevigata, nitida, citrina vel rubella: spira breviter conoidea, apice acutiuscula. Anfractus 4 vix convexiusculi, ultimus rotundatus.

10*

Apertura parum obliqua, semiovalis: columella brevissima, callum latum retrorsum emittens, basi cum peristomate tenui, expanso angulum formans. — Operculum tenuiusculum, semiovale. — L. Pfr.

Diam. maj. 5.7, min. 5, alt. 3,5 mm.

Helicina parva Sowerby, Proceed. Zool. Soc. Lond. 1842, pag. 8. — Thesaurus Conchyl. pag. 8. Tab. 2, Fig. 86. — Pfeiffer, Monogr. Pneumonopom. I, pag. 367.

Gehäuse gedrückt kreiselförmig, festschalig, glatt, glänzend, citronengelb oder röthlich: Gewinde kurz kegelförmig mit spitzem Apex. Es sind nur vier kaum gewölbte Umgänge vorhanden, der letzte ist gerundet, ohne Kante. Die Mündung ist nur wenig schief, halbeirund: die Spindel ist sehr kurz und geht nach oben in einen breiten Callus über: nach unten bildet sie mit dem dünnen, ausgebreiteten Mundsaum einen deutlichen Winkel.

Bei Argao auf Zebu von Cuming entdeckt; Semper hat sie von Mainit auf Mindanao.

12. Helicina contermina Semper.

Tafel 7 Fig. 32.

Testa parva, depresse globuloidea, carinata, utrinque fere aequaliter convexa, solidula, irregulariter sub lente striata, luteo-fulva unicolor vel infra carinam albidam indistincte fusco fasciata: spira convexo-conica, vertice minuto subpapillato. Anfractus vix 5 parum convexiusculi, ultimus inflatus, utrinque convexus, carina filiformi cinctus, antice haud descendens. Apertura parva, ovato-angulata, parum obliqua, peristomate simplici, incrassatulo, columella fere nulla, callo tenui diffuso concolore.

Diam 6, alt 4 mm.

Helicina contermina Semper in sched. — Paetel, Catalog. pag. 125. — Martens, Ostas. Zool. Moll. pag. 169.

Gehäuse klein, gedrückt kugelig, gekielt, beiderseits gleichmässig gewölbt, für seine Grösse festschalig, unter der Loupe fein und unregelmässig gestreift, kaum glänzend, einfarbig braungelb oder unter dem weisslichen Kiel mit einer verwaschenen braunen Binde: Gewinde gewölbt kegelförmig mit feinem, leicht zitzenförmig vorspringendem Apex. Es sind kaum fünf Umgänge vorhanden, die oberen sind nur ganz schwach gewölbt, der letzte ist aufgeblasen, von einem fadenförmigen Kiel umzogen, oben und unten gut gewölbt, vorn nicht herabsteigend. Die Mündung ist klein, eckig eirund, nur wenig schräg, mit einfachem, leicht verdicktem Mundrand: eine Spindel ist eigentlich gar nicht vorhanden; die Nabelgegend deckt ein dünner, diffuser, mit dem Gehäuse gleichfarbiger Callus.

Aufenthalt bei Pancian in Nord-Luzon.

NACHTRAG.

Genus Diplommatina Benson.

Testa parva, vix rimata, tenuis, subovata; apertura subcircularis; peristoma expansum, columella plerumque plicata.

Ausser den beiden Arinien habe ich aus der Familie der Diplommatinaceen noch zwei Exemplare einer ächten Diplommatina vorgefunden, welche O. Semper schon benannt aber niemals beschrieben hat, nämlich:

Diplommatina latilabris O. Semper.

Taf. 7 Fig. 23.

Testa ovato-acuta, vix rimata, tenuis, unicolor grisea, spira acute acuminata, apice acutiusculo. Anfractus 8 convexi, oblique regulariter et confertim costulati, sutura profunda discreti, leniter crescentes, penultimus quam ultimus fere latior, ultimus haud inflatus. Apertura obliqua, subcircularis, subeffusa, peristomate subcontinuo, expanso, columella plica horizontali valida munita.

Alt. 4 mm.

Gehäuse spitz eiförmig, kaum geritzt, ziemlich dünnschalig, einfarbig grau, mit lang ausgezogenem verschmälertem Gewinde und spitzem Apex. Die acht Umgänge sind gut gewölbt, schräg und dicht gerippt, durch eine tiefe Naht geschieden, allmählig zunehmend; der vorletzte ist verbreitert, der letzte eher etwas schmäler und durchaus nicht aufgeblasen. Die Mündung ist schräg, fast kreisrund, nach aussen ausgegossen, der Mundsaum fast zusammenhängend, ausgebreitet, der Spindelrand mit einer starken, vorspringenden, horizontalen Falte.

Aufenthalt in Nord-Luzon.

REGISTER.

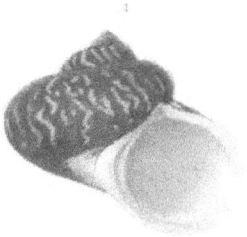

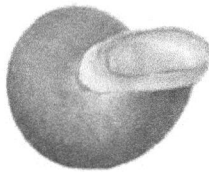

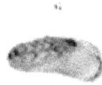

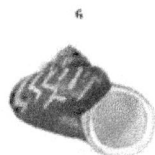

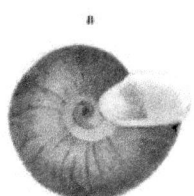

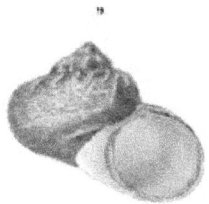

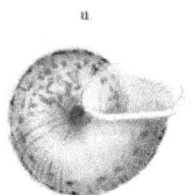
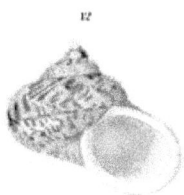
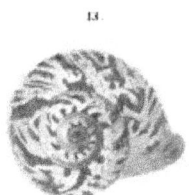

1–15. Cyclophorus acutimarginatus Sow.   16–18. Cyclophorus obstructus n.   19–20. Cycl. involutus S. n.
21–23. Cycl. Woodianus Lea.

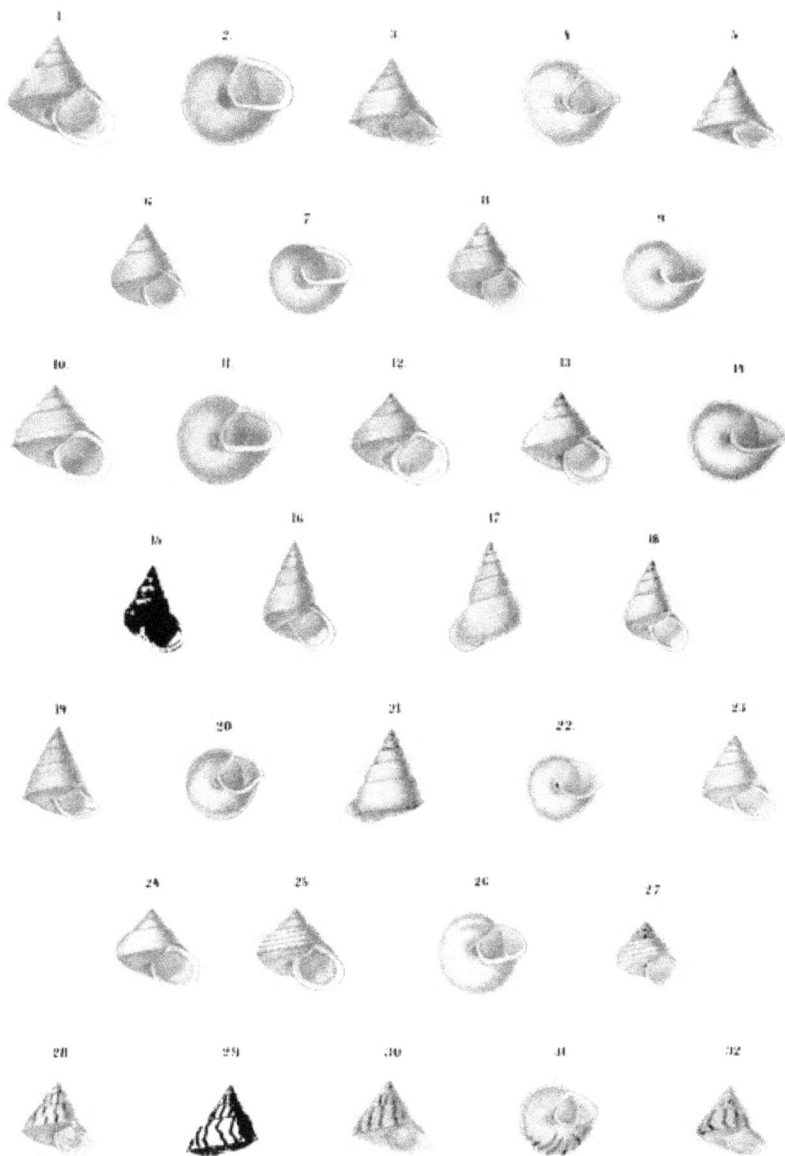

1–12. *Leptopoma perlucidum* Grat. 13, 14. *L. debuum* n. — 15, 16. *L. Pfeifferi Dohrn.* — 17, 18. *L. perlucidum var.?* — 19–23. *L. bipartitum* n. — 24, 25. *L. pulicarium* Sow. — 26, 27. *L. approximans Dohrn.* — 28–30. *L. trochus Dohrn.* — 31, 32. *L. Mathildae Dohrn.*

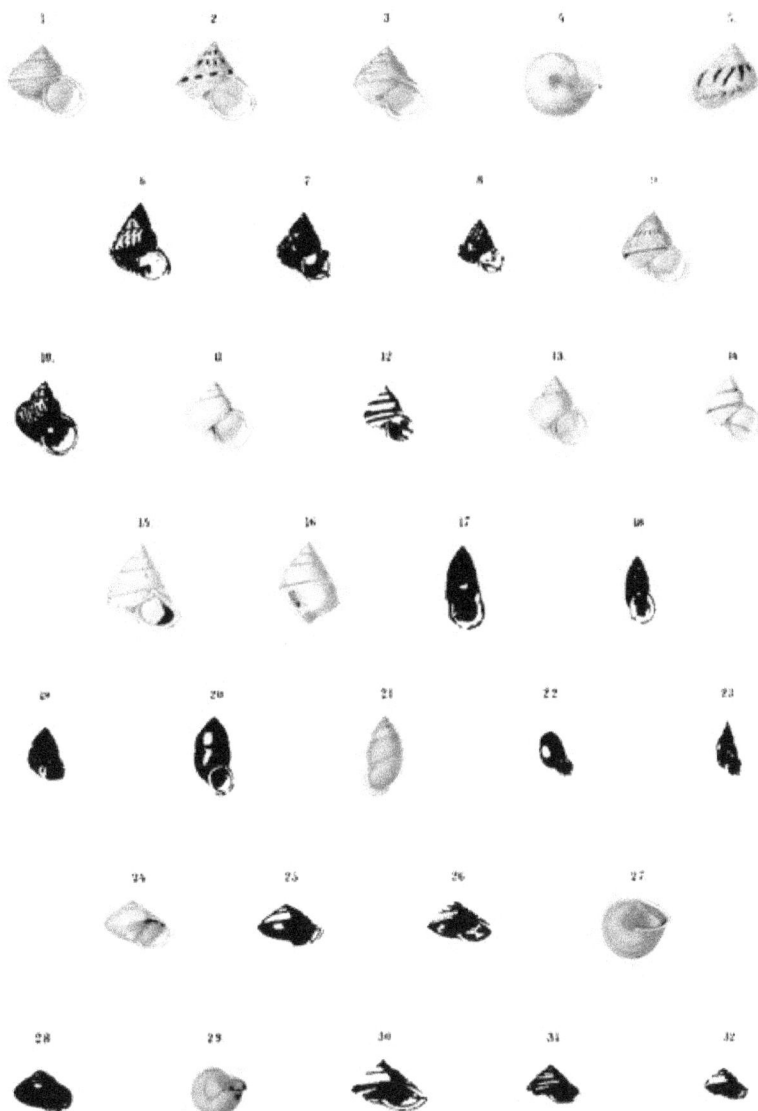

1. 2. *Leptopoma helicoides var.* — 3–5. *L. immaculatum.* — 6.—8. *L. atricapillum.* — 9. *L. regulare.* 10. *L. palicarium var.* — 11. 12. *L. vitreum.* — 13. 14. *L. distinguendum.* — 15. 16. *L. pileus var.?* — 17. 18. *Pupinella pupiniformis.* — 19. *Pupina Ottonis.* — 20. 21. *Registoma ambiguum.* — 22. *Callia microstoma.* — 23. *Diplommatina latilabris.* — 24. *Helicina citrina.* — 25. *Hel. Aualbac.* — 26. 27. *Hel. Caroli.* — 28. 29. *Hel. Crossei.* — 30. *Hel. acutissima.* — 31. *Hel. acuta.* — 32. *Hel. contermina.*